歴史文化ライブラリー

459

幕末の海軍

明治維新への航跡

神谷大介

吉川弘文館

目　次

内戦下の海軍

明治維新と幕末海軍——プロローグ

明治維新と技術の変革

技術の変革は、時として歴史の流れを大きく規定する。どのような技術が、どのようなかたちで歴史に影響を及ぼすのか。その内実は時代や地域によって異なり、複雑な様相を呈する。一五〇年が経過しようとしている明治維新においては、西洋の新技術、とりわけ蒸気船の導入が政治・社会に大きな影響を及ぼすことになった。

アメリカ人技術者R・フルトンがハドソン川で外輪式蒸気船クラーモント号の試験航行に成功し、ニューヨーク—オルバニー間に世界初となる蒸気船による定期便を航行させたのは一八〇七年のこと。これを機に蒸気船は実用化され、海運業・海軍に変革をもたらし、ヨーロッパ諸国のアジア進出を促進する原動力となった。

徳川幕府の対外政策を転換させる契機ともなったイギリスと中国によるアヘン戦争では、イギリス艦隊が蒸気船を利用して揚子江を遡行し、中国の内陸部に軍隊や物資を送り込むなど戦局を優位に進めた。アメリカでは、蒸気船を用いて太平洋を横断し、本国とアジア市場を結びつけようとする太平洋横断航路構想が議会で取り上げられた。日本近海で難破したアメリカ船乗組員の本国送還、蒸気船の動力源となる石炭売却などに関する協定を締結するため、日本に遠征隊が派遣されることになった。

政府の命を受けたアメリカ東インド艦隊司令長官M・C・ペリーは、嘉永六年（一八五三）六月三日、蒸気船を伴って浦賀沖に来航し、さらには幕府の最重要防衛拠点であった江戸内海に侵入して当時の武士や庶民たちに大きな衝撃を与えた。ペリー艦隊は、既存の海防体制の限界を為政者に示したのであった。

同年九月、時の老中阿部正弘は、海防強化策の一環として、幕府が長年墨守してきた大船建造を解禁した。以後、幕府・諸藩による洋式海軍創設に向けた努力が本格化していくことになるのだが、その目的は短期間のうちに達成された。

ペリー来航から十年が経過した文久三年（一八六三）十二月二十八日、一四代将軍徳川家茂が蒸気船「翔鶴」に乗艦して浦賀沖に来航した。公武合体の実現を目指す家茂は二度目の上洛の途次にあった。武士たちはわずかな期間で洋式海軍を組織し、蒸気船という西洋の新技術を受容していたのである。

本質的に武士は武芸を職能とし、軍事を担う戦闘者である。剣・槍・弓などの武具を自在に使いこなし、馬に跨り戦場を駆け抜ける。時代劇ではそうした武士の姿が描かれ、一般的な武士のイメージを形成しているのではないだろうか。これに対し、本書で叙述するのは、蒸気船で海上を進む海軍の武士たちである。

蒸気船は江戸・大坂・兵庫・長崎・箱館など全国の主要な港湾を繫ぎ、武士の移動や物資・兵器の輸送を広域化、迅速化させていく。その結果として、新たな産業の開発、経済の活性化が促されると同時に政局の複雑化、分裂が進んだことを想定できよう。ゆえに蒸気船を統轄した幕府・諸藩の海軍の活動を分析することは、明治維新のメカニズムを解明するうえで不可欠な作業になると考えられる。

かつての歴史学研究において、幕府は外圧に対する全国的な防衛体制の構築を放棄していたと評価され、その買弁的性格が強調されることがあった。しかし、近年では、明治維新の敗者である幕府の研究が進み、幕臣たちの能力や軍制改革の意義が再評価されるようになった。とりわけ幕末期の幕府陸軍と兵賦徴発の問題を取り上げた保谷徹氏の研究を通じて、軍隊の行動と地域社会の動向を統一的に分析することの重要性が研究者の間で広く認識されるようになった。近世・近代移行期に起きた全国的な内戦である戊辰戦争についても、陸軍を中心に火器の技術の進展、軍隊の行動を規定する軍夫・食糧・資金の徴発や輸送といった兵站（へいたん）機能の実態解明が進んでいる。

海軍の場合は、軍港を媒介として地域社会との関わりをもつことになる。幕末の軍港は水・食料・石炭などの補給、艦船の修復、停泊といった役割を担い、一定の防衛能力を備えた海軍活動の拠点であった。

浦賀の風景

京浜急行浦賀駅の改札を出ると、もう目の前は港である。浦賀（神奈川県横須賀市）といえばペリー来航の地として知られているが、幕末期には幕府の海軍の拠点、軍港として機能していたことを知る人は少ない。

浦賀駅から港に沿って右手に進めば西浦賀、左手に進めば東浦賀、両所の間に浦賀湾が入り込んでいる。西浦賀にある愛宕山（あたごやま）公園、その入口のアーチをくぐって石段を登ると「中島永胤（なかじまながたね）招魂碑」と篆刻された石碑が建っている。この碑は明治二十四年（一八九一）に建立されたもので、碑文の大意は次の通りである。

明治元年（一八六八）、徳川氏の陸海軍は奥羽に転戦して函館に拠り、抗戦しながら年を越した。従軍していた中島永胤は千代ヶ岡砲台の守衛にあたり、「志は遂げていないが徳川氏の遺臣として死ぬことに心残りはない」と語った。永胤をはじめ、子の恒太郎・英次郎、部下数十人は皆戦死した。明治二年五月十六日のことである。永胤はペリー来航に際して身を挺して任務を完遂し、さらには洋式船建造を監督した。安政二年（一八五五）には幕命を受け長崎でオランダ人から航海・造船の技術を学び、軍艦操練所の教授を務めた。その後、病を煩い家居していたが、慶応三年（一八六七）に幕府の新鋭艦「開陽」が配備されると「両番上席軍艦役」に登用された。永胤は痩身で俳句を嗜み、「烈士」のような人物であった。長男・次男とともに函館で君主に殉じたが、三男の与曽八は健在で家を継ぎ、現在は海軍士官となって父の遺業を世に伝えている。浦賀士民は永胤に追慕の意を表し、その遺愛を忘れないために碑の建立を図った。

中島永胤、通称三郎助（さぶろうすけ）は浦賀奉行組与力（よりき）としてペリー艦隊の応接（交渉）にあたったのち、長崎海軍伝習に参加し、幕府が組織した洋式海軍に出仕した経歴をもつ。篆額（てんがく）は外務大臣海軍中将従二位勲一等子爵榎本武揚（えのもとたけあき）である。榎本にとって三郎助は長崎海軍伝習以来

図１　現在の浦賀港（横須賀市 市史資料室提供）

の知己であり、自らが率いた海軍でともに箱館戦争を戦った間柄である。二人の息子とともに戦死した三郎助に対し、命を繋いだ榎本はどのような思いで建碑に関わったのだろうか。

愛宕山公園を過ぎると渡し船の発着場がみえる。対岸の東浦賀とをつなぐ移動手段として住民の暮らしを支えている。心地よい風を受けながら渡し船「愛宕丸」で湾内を進むと、住友重機械工業株式会社追浜造船所浦賀工場跡地が左手に見える。幕末期には築地新町と呼ばれた埋立地であり、幕府艦船の修復場が置かれていた。

東浦賀に渡り、右手に少し進めば東叶（ひがしかのう）神社が鎮座している。裏の明神山を登ると「勝海舟断食の碑」がある。伝承では勝海舟が「咸臨」での渡米に際し、航海安全を祈願して断食を行ったとされている。断食の真相は定かではないが、安政七年（一八六〇）正月に渡米を控えた「咸臨」が浦賀に寄港したことは明確である。寄港の目的は船体の修復と食糧・燃料の補給であった。

明神山の山頂に登ると木々の隙間から東京湾を隔て、対岸の房総半島までを一望できる。タンカーや客船が悠然と行き交うこの海域は、幕末の海軍を担う人材が輩出した軍事上の重要拠点だったのである。

図2　中島三郎助招魂碑

幕末の海軍は、どのような経緯で創設されたのか。またどのような組織であったのだろうか。本書では幕末海軍を支えた人物や組織上の特質に止まらず、地域社会との関係にも留意してその実態を明らかにしていきたい。

本書の構成

一般的に海軍とは、艦船を統轄し、海上の軍事を担う軍隊であるが、その存在形態は国・時代により多様である（金澤裕之『幕府海軍の興亡』）。

幕末海軍は、どのような経緯で創設されたのか。またどのような活動を行っていたのだろうか。これまでも幕末海軍に関する考察はなされてきたが、その多くは幕末海軍を明治海軍の前史として位置付け、明治海軍の質を基準として幕末海軍の成熟度を評価したものである。

これに対し、本書では明治海軍の成立を必ずしも前提に置かず、海軍の活動が幕末期の政治・社会に及ぼした同時代的影響を重視し、地域に置かれた軍港の機能にも留意しながら、幕末海軍の創設過程と活動実態を明らかにしていきたい。そうした本書の構成は次の通りである。

まず第一章では、ペリー来航時の記録から武士・庶民たちの蒸気船認識を確認し、蒸気船来航への対応策として展開していった軍艦（洋式艦船）の国産事業、長崎海軍伝習所や築地軍艦操練所といった海軍教育施設の開設、海外留学としての側面をもつ「咸臨」のアメリカ派遣について紹介し、幕府海軍創設の前提条件について叙述する。

第二章では、軍艦奉行・軍艦頭取・軍艦組の創設をもって幕府海軍の組織上の成立と捉え、将軍徳川家茂の海路上洛計画と全国海軍創設計画との関連性を検討し、家茂上洛によ

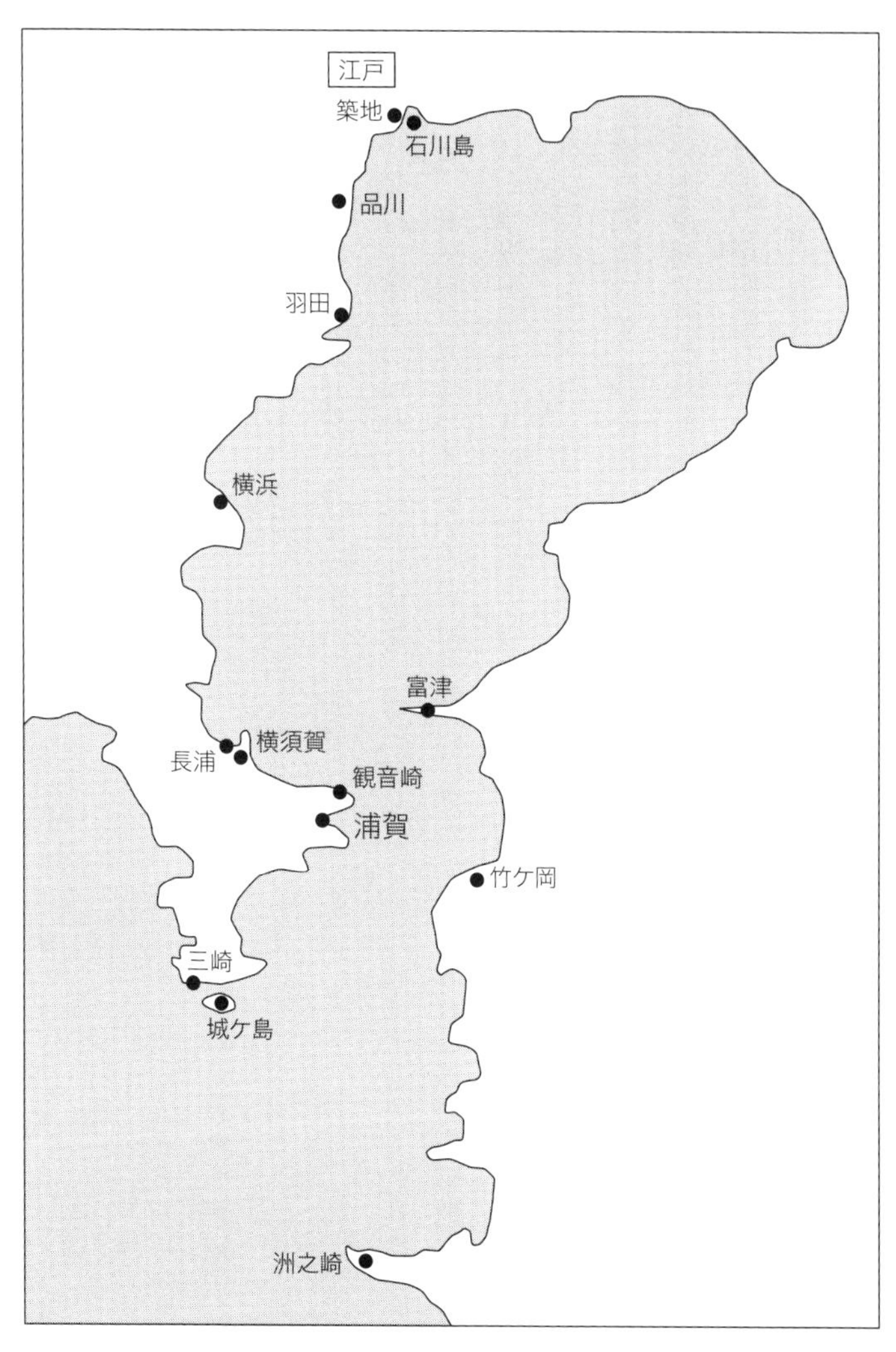

図3　関 係 略 図

って艦船・軍港の整備が進展していったことを指摘する。あわせて諸藩における海軍の創設過程や活動についても叙述する。

第三章では、洋式艦船の購入方法や流通の状況について、外国商会や亀山社中・海援隊、廻漕御用達などの活動を通じて紹介する。また海軍の活動拠点となる軍港の形成過程や役割について、物資流通の拠点であった湊町に軍艦作事場が置かれた浦賀、大規模な埋立工事によって機械工場が建設された横須賀を事例に叙述する。

第四章では、幕長戦争や戊辰戦争といった内戦において、海軍が果たした役割について検討する。幕長戦争では大島口・小倉(こくら)口の戦いで幕府・長州藩の海軍同士が激突し、戊辰戦争では旧幕府海軍を引き継いだ榎本艦隊と新政府艦隊が箱館戦争で激突した。慶応期以降の内戦状況のもと、海軍は軍事的側面を顕在化させ、戦局の迅速化、広域化をもたらし、明治維新を加速させていくことになる。

なお、本書では帆船・蒸気船などを包括する語として「艦船」を用い、艦船名は原則として史料の引用箇所を除いて「丸」「艦」を付さず、「　」で括って表記した。

幕府海軍誕生への道

ペリー来航

蒸気船来航

嘉永六年（一八五三）六月三日、アメリカ東インド艦隊司令長官M・C・ペリー率いる四艘の艦隊が浦賀沖に来航した。「泰平の眠りを覚ます上喜撰、たった四杯で夜も眠れず」。これはペリー来航の衝撃を伝えるものとして、よく知られた狂歌である。いつ詠まれたのかは判然とせず、惰眠を貪っていた江戸時代を批判するために明治時代人が後年に創作したとも考えられてきた。そうした中、齋藤純氏の論考によって「太平之ねむけをさます上喜撰、たった四はいて夜るもねられす」という類似の狂歌が来航当時すでに詠まれていたことが明らかになった（「ペリー艦隊浦賀来航直後に流布していた「太平のねむけをさます上喜撰」狂歌」）。同様の狂歌は散見され、いくつかのバリ

図４　亜墨利加人栗浜上陸之図（もりおか歴史文化館所蔵）

エーションがある。例えば江戸の本屋、藤岡屋由蔵（ふじおかやよしぞう）が市井の情報をまとめた日記の中にも「老若のねむりをさます上喜せん　茶うけの役にたらぬあめりか」との狂歌が収められている。「上喜撰」は当時の日本茶の高級ブランドで、言うまでもなく「蒸気船」の意味を重ねたものである。蒸気船は眠りを妨げるもの、すなわち覚醒の象徴として当時の人々に広く受け容れられていたことになる。

ただし、蒸気船を「四杯」とするのは、歴史的事実として正しくない。ペリーが率いた蒸気船は旗艦の「サスケハナ」と「ミシシッピー」の二艘のみで、「サラトガ」と「プリマス」は帆走スループ船であった。

元綱数道氏の論考（『幕末の蒸気船物語』）によると、「サスケハナ」は長さ二五〇フィート（約七六メートル）、幅四四フィート（約一三メートル）、二四五〇トン、乗組員約三〇〇人、外輪を備えた蒸気船で、一八五〇年十二月二十四日にフィラデルフィア海軍工廠で竣工した。「ミシシッピー」は長さ二二〇フィート（約六七メートル）、幅三九フィート（約一二メートル）、一六九二トン、乗組員約二六〇人、やはり外輪を備えた蒸気船で、一八四一年十二月二十二日にフィラデルフィア海軍工廠で竣工した。

現在の日本では、ペリーといえば「外圧の象徴」「開国の使者」というイメージが一般的だろうが、母国アメリカでは実用化に成功した蒸気船をいち早く海軍に導入したことから「蒸気海軍の父」と呼ばれている。ペリー艦隊は風向きに影響されることなく浦賀沖を自由自在に航行し、警備の武士や見物の庶民たちを驚かせた。日本側との交渉開始にあたり、ペリーは蒸気船という新技術を効果的に駆使することでウエスタン・インパクトを演出したのであった。

浦賀奉行組与力の中島三郎助・香山栄左衛門らとの交渉を経て、六月九日、ペリー一行は浦賀近郊の久里浜村海岸（神奈川県横須賀市）に上陸し、アメリカ合衆国大統領Ｍ・フィルモアの国書を浦賀奉行の戸田氏栄と井戸弘道に渡した。国書はアメリカと日本との通商、開港を求めるもので、「アメリカ合衆国の西の境は日本国に相対している。もし蒸気船で太平洋を越えれば、昼夜十八日で日本の港口に到達する」（『幕末外国関係文書之一』一一四号）と記されていた。アメリカ政府にとって、蒸気船は国内市場とアジア市場を結び付ける太平洋横断航路構想を具現化するための重要な存在であった。太平洋横断航路を創設、整備するためには物資補給、船体修復などを行う寄港地が不可欠であり、ペリー艦隊派遣の目的も日本を開港させ、寄港地を確保することにあった。国書を手交したペリー一行は富津（ふっつ）・観音崎の防衛ラインを越えて武蔵国金沢、最終的には羽田沖まで艦隊を進め、江戸内海を測量した。こうした事態は幕府・諸藩の海防体制の限界を示すものであった。ペリーは来年春の再来航を予告し、六月十二日、ようやく退去していった。

蒸気船の発明、普及は、遠く隔たった極東の島国に大きな政治・社会的影響を及ぼすことになった。

異国船への対応

文化文政期以降、江戸近海に異国船が姿を現すようになると、幕府は海防体制を強化し、文政三年（一八二〇）には会津藩に代えて浦賀奉行所に三浦半島の警衛を命じ、文政八年には異国船を発見次第、即時に砲撃を加えよという異国船打払令を発令した。その後、隣国の清がアヘン戦争でイギリスに敗れたという情報がオランダ経由で日本に伝わると、為政者・知識人たちの対外的危機意識は高揚した。
そこで幕府は天保十三年（一八四二）に打払令を撤回し、状況に応じて異国船に薪・水・食料などを与えて退去を促すという薪水給与令（しんすいきゅうよれい）を発令した。薪水給与令によって幕府の対外政策は穏便化したと通説的に理解されているが、同法には異国船が指示に従わなかった場合に打ち払いを実行することが明記され、「臨機の取り計らいは勿論のことに候」という文言も付されていた。その後、さらに穏便な対応を促す法令が出されたが、それも打ち払いの可能性を否定するものではなかった。つまり、初発の対応は穏便化したが、事態の推移に応じて打ち払いを実行する可能性は残されていたことになる。よって、異国船の来航目的の確認→状況に応じて薪・水・食料を給与→退去の交渉→異国船が指示に従わずに富津・観音崎の防衛ラインを越えた場合などは打ち払いを検討するという具合に、海防の現場には不確定要素を含んだ臨機応変の対応が求められるようになっていたのである。

このような異国船への応接を任されていたのが浦賀奉行所であった。ペリー来航に際して浦賀奉行所の与力である中島三郎助と香山栄左衛門が交渉にあたったのは、そうした事前の取り決めに則ったものであった。

与力は語る

実際に異国船や異人たちに接した与力・同心たちの生の体験談は、貴重な対外情報として各地に伝播していった。国立公文書館内閣文庫には「浦賀与力ヨリ聞書」と題する写本が残されている。合原操蔵（ごうはらそうぞう）・飯塚久米蔵・樋田多々郎・香山栄左衛門・近藤良次ら五名の与力からペリー来航の体験談を何者かが聞き取ってまとめたものである。

その「聞書」の中で合原は次のように述べている。蒸気船二艘が迅速に乗り込み、千代ヶ崎を越えて観音崎付近まで侵入してきた。「速やかなること飛ぶがごとし」で、浦賀奉行所や諸藩の警衛船を遙かに引き離した。船の操作は「神速自在」で驚嘆した。十二日のペリー艦隊退去にあたっては蒸気船が軍船を曳航し、煙突から火炎を噴き出して飛ぶように出帆した。三崎（神奈川県三浦市）の沖合からは火炎がとくに甚だしく、速度も倍になった。見た者で驚かない者はいなかった。また飯塚の話では、ペリー艦隊は鉄張りではなく、鉄色に塗装し、その上にタールを塗っており、車輪は鉄製で五、六間程（約九〜一一メートル）であったという。樋田も蒸気船について、「その速やかなることはたとえようがない」としている。香山に関しては実際に蒸気船に乗り込んで対応したこともあり、詳細な情報を伝えている。それによると、「大蒸気船」（「サスケハナ」）は長さ三五、六間（約六四〜六六メートル）、幅八、九間（約一五〜一六メートル）、外輪は直径五間（約九メートル）、厚さ三間（約六メートル）で鉄製、四尺程（約一・二メートル）が水に浸かっており、乗組員は二九〇人である。また「小蒸気船」（「ミシシッピー」）は鉄張りで二〇〇人乗である。蒸気船が停泊するときは前方にある穴の蓋を取り、そこから蒸気が漏れて外輪が止まる。蓋をすれば蒸気が外輪に当たり旋転する仕組みとなっている。蒸気船は一昼夜に八〇〇里（約三一四二キロ）航行する。香山の話す蒸気船の船体や乗組員の数などは、目算の割に概要を捉えているといえよう。

「聞書」の写本は多数確認できるが、原本の存在、その作成者などは判然としない。しかし、東海大学付属図書館所蔵の「風聞集」第一番に収録されている「聞書」冒頭には、「千葉周助」門人と磯又右衛門内弟子が浦賀で聞き取ったものだと記されている。「千葉周助」は剣術北辰一刀流（ほくしんいっとう）の「千葉周作」の誤記と思われ、磯又右衛門は柔術天神真楊流（てんじんしんよう）の創始者である。周作と又右衛門の道場は江戸神田お玉が池（東京都千代田区）にあり、門人同士の交流も深かったのだろう。おそらく浦賀奉行所の与力とも武芸を通じた交流があり、その伝手を頼って話を聞き出したのではないか。「聞書」を収める「風聞集」自体の編者も不明だが、馬場弘臣氏の推定によれば伊勢松坂周辺の商人とされる（『幕末風聞集』解説）。

いずれにせよ、実際に対応にあたった与力の口から語られる情報には大きな需要があったと考えてよいだろう。内閣文庫本の文末には「他見を許さず」との注記がありながらも、「癸丑初秋（嘉永六年七月）十七日夕灯火に写し畢」、さらには「模須辺（賀脱）の者の噺を承り候まま記す　嘉永六癸丑年八月」という追記もあり、ペリー来航直後から写本が作成されていた様子を窺い知れる。圧倒的な航行速度で自由自在に快走する蒸気船の存在が与力の口を通じて世上に喧伝されたのである。

庶民が見た蒸気船

ペリーの蒸気船を見たのは武士だけに止まらない。村役人をはじめ、人足や船頭・水主などが海防遂行のために動員されていたし、興味本位の見物人たちも江戸や周辺地域から浦賀に群集していた。東浦賀村名主石井家に伝来した「異国船渡来日記」には、蒸気船に関する次のような記述がある。

蒸気で回転する車が取舵・面舵にそれぞれ一輪ずつ、鉄製で直径五間（約九メートル）、幅一丈（約三メートル）の大きさで、船の外面に取り付けられている。（中略）船体の中ほどに蒸気の煙を出す鉄製の筒がある。長さ五間（約九メートル）、筒口の直径は一間（約一・八メートル）、汽走の時は絶えず煙が出ている。

蒸気船の外輪や煙突の寸法など、かなり具体的な情報が記されている。外輪の大きさの見立ては先の与力香山・飯塚の話とほぼ一致している。海防のための人足や船を差配する立場にあった東浦賀村役人のもとには、浦賀奉行所を通じてペリー艦隊に関する詳細な情報がもたらされていたのだろう。

相模国高座郡柳島村（神奈川県茅ヶ崎市）名主の藤間柳庵（とうまりゅうあん）は六月六日、友人とともに藤沢宿から浦賀に向かい、翌七日、西浦賀の高台から望遠鏡でペリー艦隊の動静を確認した。彼は「太平年表録」と題する自身の記録の中で、その時の様子を次のように綴っている。

アメリカ船四艘のうち二艘は小船、二艘は大船の黒船である。鉄砲の窓と翼車があり、船上は屋形のようで、火の見櫓の類はどれも白い。例えるなら、「雪中城郭」を眺めているようである。（大船の二艘を）「蒸気船」という。「蒸気船」は進みたいときに石炭を焚いて左右の翼車を回す。その速きこと一時に二十里（約七九キロ）を航行するという。煙は黒雲のごとしである。

柳庵の目には蒸気船が「雪中城郭」に見えていたようである。村役人を務めるかたわら多くの詩文・句歌を残した地方文人らしい趣のある表現といえよう。その一方、石炭を燃料として外輪を回転させて推進力を得るという蒸気船の基本的な仕組みについても記述している。

すでに天保九年（一八三八）三月、蘭学者の渡辺崋山は海外情勢についてまとめた『鴃舌或問』『外国事情書』の中で「自行火船」「ストームボート」として蒸気船を紹介していた。さらに嘉永期には、ヘルダムの蒸気機関に関する原書を訳出した箕作阮甫『水蒸船略説』六巻をはじめ、川本幸民『気海観瀾広義』、編著者不明『蒸気船略記』などの書によって蒸気船や蒸気機関の構造に関する知識・情報が一定程度普及していたのである。

幕末の日本における蒸気船・蒸気機関の知識の浸透をペリー側はどのように捉えていたのだろうか。

ペリーの驚き

ペリー艦隊との応接を担当した浦賀奉行組与力香山栄左衛門は、嘉永六年（一八五三）六月七日、通詞の堀達之助・立石得十郎を伴って旗艦「サスケハナ」に乗艦し、幕府がアメリカ合衆国大統領国書の受理を決定したと伝えると、大胆にも蒸気機関の見学を申し出ている。日本遠征からの帰国後にペリーが監修し、ホークスが編纂した『日本遠征記』には、香山たちの様子について、「完備した蒸汽船内にある驚異すべき技術と機構とを始め（初）て見た人びとから当然期待される驚愕の態度を少しも現さなかった。汽罐は彼等にとって明かに大きい興味の対象であったが、通訳達の言葉を聞くと汽罐の原理については全く無知ではないことが判った」と記されている。

久里浜での国書受渡しの後も香山は同僚の与力中島三郎助を伴って「サスケハナ」に乗船している。艦内の見学を許された二人は西洋の技術情報を熱心に収集している。

これ等の日本役人は、何時もの通り、その好奇心を多少控へ目に表はしてゐたが、しかも、汽船の構造及びその装備に関するもの全部に対して、理解深い関心を示した。蒸汽機関が動いてゐる間、彼等はあらゆる部分を詳細に検査したが、恐怖の表情をせず、又その機械について全く無智な人々から期待されるやうな驚愕をも少しも表はさなかつた。彼等はすぐ様蒸汽の性質を、多少洞察したらしく、又蒸汽を使用して大きな機関を動かす方法及び蒸汽の力で蒸汽船の水輪を動かす方法についても多少洞察したらしかつた。彼等の質問は、極めて理智的な性質のものであつて、彼等は再び誰が蒸汽船を最初に発見したのかを尋ねたり、どの位の速力で水上を推進し得るかを尋ねたりした。（『日本遠征記』三）

ここでもペリー側は香山・中島の見識の深さを特質している。ただし、二人の与力に対する評価は対照的なものであった。香山が「物静かで、鄭重で、控え目がちな紳士」とされるのに対して、中島は「大胆で、でしゃばり」「しつこく詮索好き」「その臆面のない、厚かましい顔」などと記されており、ペリー側からの心象はあまりよくなかったようである。中島は用兵学や連発ピストルの構造に興味津々で、甲板の大砲をさまざまな角度から測ったり、入門書を片手に銃器について調べていたが、この様子を見たペリー艦隊の主席通訳官S・W・ウィリアムズからも「とりわけ頑固で、気むずかしい役人」、あるいは「穿鑿好きで何でも覗き回り、目についたことをたえず根掘り葉掘り調べる、好感のもてない男であった」と評されている（『日本遠征随行記』）。現代風に言えば空気の読めない男という中島の人間像を垣間見られるようだが、そうした記述からは千載一遇の好機を逃すまいと人目を憚らず、一心不乱に西洋技術を吸収しようとする彼の熱意、愚直さが伝わってくるようでもある。

蒸気船・蒸気機関に関する武士の知識は書物や実地の見分を通じて一定の水準に達していたが、それだけに武士たちは西洋との技術格差を痛感することになった。いかにその格差を乗り越えていくのか。太平の眠りから覚めた武士たちはどのような自己変革を遂げていったのだろうか。

軍艦国産事業の展開

既存の海防体制の限界を認識した老中阿部正弘は、嘉永六年（一八五三）六月から七月にかけてアメリカ合衆国大統領の国書を開示し、

軍艦導入の意見書

ペリー再来航に備えて意見を募った。これに対する意見書は無役の幕臣・陪臣・浪人や庶民に至るまで八〇〇通を超えたとされ、その多くは避戦を主眼とするものであったが、軍艦の必要性に言及したものも少なくなかった。そのうち大勢を占めたのは、西洋で唯一の通商相手国オランダに協力を要請するという意見であった。

阿部が海防参与として幕閣に迎えた前水戸藩主徳川斉昭（とくがわなりあき）は、「海防愚存（かいぼうぐぞん）」と題する七月十日付の意見書（『幕末外国関係文書之一』二七一号）の中で、オランダから軍艦を献上さ

せるか、オランダ交易の利益で軍艦を購入し、諸大名に対しても条件付きで軍艦の保有を許可し、海路で浦賀まで参勤するようにすれば経費節減にもなり、羽田・本牧沖に軍艦を配備しておけば海防に役立つと主張している。斉昭は強硬な攘夷論者であったが、海防強化のためにはオランダの協力が不可欠であることを認めていた。

同じ御三家の尾張藩主徳川慶恕も、オランダに相談して幕府・諸藩に造船を許可すること、オランダから「戦艦」または大砲などを輸入することなど、斉昭とおおよそ同様の主張を展開している（同書、三三二号）。

大名以外では小普請組向山源太夫が軍艦購入をオランダ人に依頼し、オランダ船の船大工・水主を招聘して造船・航海の方法を学ぶという計画を示している（同書、三三六号）。

小普請組の蘭学者であった勝海舟も意見書（同書、三三七・三三八号）を提出した一人である。海舟は文政六年（一八二三）正月三十日、旗本勝小吉（四一石）の長男として江戸本所に生まれた。天保九年（一八三八）七月に家督を

図5　勝　海　舟

相続し、剣術家の男谷信友・島田虎之助のもとで剣術修行に精を出し、弘化年間には永井青崖・都甲市郎左衛門らに蘭学を学びながら西洋医学書『ヅーフ・ハルマ』を筆写し、その写を売って生計を立てていた。嘉永三年（一八五〇）には赤坂に蘭学塾を開いて西洋兵学などを講義していたが、そうした折、ペリー来航を迎えて意見書の提出に至ったのである。その意見書の概要は以下の通りである。

　いくら浦賀近海で異国船の内海侵入を防ごうとしても異国船は「堅牢金城」のようで「周旋自在」であり、とくに蒸気船による富津・観音崎の防衛ラインの突破、江戸市中への砲撃が想定されるため、羽田・品川・佃島辺や芝・浜御庭辺に台場を建造するなど、まずは江戸防衛の強化が急務である。軍艦は海防に不可欠だが、操作が難しく、莫大な経費を要するので、まず外国と交易を行い、その利潤で軍艦を建造する。そうすれば難破の危険性も少なくなり、米を外国に廻送して利潤を上げることもできる。軍艦の導入はすぐに実現することは難しいが、数十年後には必ず実現すると思われる。こうした勝の意見は既存の通商相手国であるオランダに限定することなく、広く外国と交易を行うことで軍艦を入手しようとする点において、斉昭らの意見よりも先鋭的である。それだけに制度的には多くの制約が存在していたのだが、この意見書は幕閣の目に止まり、勝は幕府海軍の創設に深く関わっていくことになるのである。

そのほかにもさまざまな身分・立場の者から意見書が提出されたが、海防の強化、外国との交易、いずれを実行するにせよ、軍艦の導入、航海術の修得は必要不可欠であった。しかし、仮に蒸気船のような大型の洋式軍艦を幕府・諸藩が建造するとなると、従来の諸制度を大幅に改変しなければならなかった。この点については、勝も「軍艦御製作」は「兵制御変通」を伴うものだと指摘している。軍艦導入を企図する阿部政権の前途には、大船建造の禁という大きな障壁が立ちはだかっていたのである。

大船建造の解禁

大船建造の禁とは、どのような法令だったのだろうか。近世初頭の慶長十四年（一六〇九）、幕府は西国の諸大名が保有する五〇〇石積み以上の大船を没収し、その建造を禁止した。それが大船建造の禁の嚆矢である。当時の幕府は成立したばかりで、大坂にはいまだ豊臣秀頼が健在であり、幕府の支配が十分に及ばない西国大名の軍事力削減は焦眉の課題であった。その後、寛永十二年（一六三五）、三代将軍徳川家光は諸大名に「武家諸法度」を発布し、その一七か条目で「五百石以上の船停止の事」と規定した。しかし、この規定によって海運に支障を来したため、同十五年、幕府は商船に限って建造を許可して規制を緩和したが、それ以外の大船については建造を認めなかった。

大船建造の禁の成立過程を詳細に分析した安達裕之氏の研究によると、同法令の主旨はもっぱら諸大名の水軍力削減にあり、海外渡航が可能な航洋船については建造禁止の対象外であり、日本人の海外渡航を禁止するなどの一連の鎖国政策とは無関係であった。しかし、天保期には大船建造の禁と鎖国政策とを結び付ける観念が広がり、航洋船も建造禁止の対象と見なされるようになっていた。また、幕末期段階の大船は西洋諸国の船や洋式船の代名詞であり、「和船―単檣（たんしょう）―脆弱―沿岸航海　大船―三檣（さんしょう）―堅固―大洋航海」という評価が為政者・有識者の間で定まっていたという（安達裕之『異様の船』）。こうした安達氏の指摘を踏まえれば、大洋航海可能な洋式軍艦の建造が大船建造の禁に抵触すると考えられた理由をよく理解できるであろう。

厳密に言えば、建造だけが禁止の対象であって、前述の斉昭らが唱える輸入については許容の範囲内だという法解釈も成り立つ。しかし、諸大名の軍事力の抑制と海外渡航の防止が大船建造の禁の主旨であるとの観念が幕末期段階で成立していたことを鑑みれば、獲得の手段はどうあれ、大型の軍艦を保有すること自体が禁に抵触すると考えられていたと解釈するべきだろう。

老中阿部正弘は軍艦導入を唱える各方面からの意見書を踏まえ、大船建造解禁を決断する。嘉永六年（一八五三）八月、阿部は大船建造解禁を前提として、条文を改変するか、あるいは改変せずに臨時の措置として一定期間の建造を認めるかを幕府儒役林大学頭に諮問した。この諮問が行われた時期は、六月に没した一二代将軍徳川家慶に代わって家定が新将軍に就任する直前であった。林は代替わりの武家諸法度が公布される直前の時期でもあることなどから、条文を改変した上で大船建造を解禁するべきだと答申した。その後、さらに審議を重ねた阿部は、九月十五日、大目付に対して「荷船のほかは大船建造を停止するという御法令であるが、昨今の時勢は大船を必要としているので、諸大名による大船製造を許可する」という老中達を出した（『幕末外国関係文書之二』一二五号）。ここに二一九年の長きにわたる大船建造の禁が解かれたのである。なお、一三代将軍に就任した家定が代替わりの武家諸法度を公布したのは安政元年九月二十五日のことで、その五か条目には「大船建造言上すべき事」と規定された。

老中による大船建造解禁の命は、その日のうちに江戸城内で各方面に周知されたようである。しかし、柳間詰大名は解禁の趣旨を十分に理解できなかったため、阿部に対して①大船とは「軍艦蒸気船の類」か、②大船は国元と江戸のどちらに配備するのかなどと質問している。阿部は①「軍艦蒸気船」のことである、②国元ではなく、まずは江戸配備を優先すると明確に回答している（『幕末外国関係文書之二』、一六二号）。安達氏も指摘するように、人々が何をもって大船と認識するかは時代によって変化する。①の質疑応答から、少なくともこの時期の阿部正弘は大船を「軍艦蒸気船」と認識しており、そうした認識は大船建造解禁を契機として諸大名の間にも次第に浸透していったと考えられる。また②の質疑応答から、阿部がまず急務としたのは、ペリー再来航に備えるために「軍艦蒸気船」を江戸に配備することであったといえる。ただし、「軍艦蒸気船」の建造を諸大名に強制したわけではなく、諸大名側も莫大な手間や費用を要する建造には消極的であった。

浦賀奉行の海防構想

大船建造解禁に先立つ嘉永六年（一八五三）八月、ペリー艦隊の応接を担当した浦賀奉行は、阿部の下命を受け、軍艦の必要性を説く二通の書面を同人に提出していた（「浦賀史料」五）。それらは異国船応接の実務経験に裏打ちされた浦賀奉行の具体的な江戸湾防備構想を示すものであった。そのうちの一通は次のような内容である。

（前略）本牧（神奈川県横浜市）は要地なので出洲を埋め立てて台場を建設し、軍艦四、五艘を江戸防備のため神奈川沖（同）に配備し、浦賀には浦賀奉行所建造の軍艦、横須賀の内海には海防担当諸藩建造の軍艦を二、三艘を配備する。異国船渡来時には従来の小船での警衛を中止し、軍艦で「遠固」めし、本牧や金沢（同）などに一定の距離を置きながら軍艦を配置する。応接についてはこれまで通り小船で平穏に説得する。そうすれば、「御国威」が立ち、異人はおそれを抱いて不法の所業には及ばない。異国船が富津を越えて内海に侵入した時には軍艦で退路を塞げば袋の中に閉じ込めたかたちとなるので、異国船は富津の先に侵入することをためらうだろう。よって、軍艦数艘をすぐに建造するようにしたい。（後略）

異国船来航時にはまず小船で応接することによって異人とのトラブルを回避し、一方で本牧・金沢の沖合に軍艦を配置することで異国船の江戸内海侵入を未然に抑止しようとする発想である。

また、他の一通には次のようにある。

（前略）従来の諸廻船の建造方法では、大砲による砲撃が自在で操船しやすい軍艦を建造することは難しい。異国船は近来特に航海を主とし、船体構造は精緻を極めている。とりわけ西洋の軍艦は「堅牢」なので、これに対抗するための警衛船は西洋の軍艦と同じように「堅牢」に建造し、帆の操作に至るまで西洋のものを模倣して建造しなければ、大砲による砲撃が自在で操船しやすいものとはならない。近年たびたび渡来している異国船の絵図などを熟覧し、嘉永二年に来航したイギリス船（「マリナー」）乗艦の日本通詞（林阿多）から聞き取った情報などを考え合わせると、別紙絵図面の通り、水押から艫までの船長一八間（約三三メートル）、大砲十挺据、檣二本、「表遣出し檣」などを付けて帆を掛ければ「進退自在」に帆走することができるはずである。（中略）今回提案した軍艦が建造されたならば、海上警備のため浦賀奉行組与力・同心を乗り組ませて御城米などの荷物を運送させる。そうすれば難破の危険はなく、与力・同心も軍艦の取扱いに馴れる。諸藩にも命じて同様に軍艦を建造させ、諸荷物を運送させれば、軍艦が全国に「粟散」し、海防が強化される。（後略）

当時の廻船の船体構造では、船のバランスを保持したまま砲撃したり、大砲を搭載しながら快速航行することは困難であった。実は天保期以降、浦賀奉行所では五大力船や押送船といった既存の和船を利用した船打（艦上射撃）の訓練を行っており、その技術的問題点を十分に把握していたのである。そうした問題点を克服する方策が洋式軍艦の模造であった。異国船応接を職務とする浦賀奉行所は、異国船に関する情報を入手しやすい環境にあったため、洋式軍艦の設計図を作成し、軍艦導入の具体的な提案を阿部正弘に行うことができたのである。

幕府内での反対もなかったため、九月五日、阿部は浦賀奉行に軍艦建造を命じている（「浦賀史料」五）。大船建造を解禁する一〇日前のことである。

浦賀の「鳳凰」

嘉永六年（一八五三）九月、浦賀にて軍艦の建造が始まった。軍艦はやがて「鳳凰（ほうおう）」と命名されることになる。浦賀で郷宿を務めた倉田家が浦賀奉行所や村々の運営に関する重要書類をまとめた「浦賀史料」（慶應義塾大学情報メディアセンター所蔵）には、「鳳凰」建造に関する史料も収録されている。その中の「鳳凰丸御軍艦御造立そのほか出来形仕様書」によると、船体は長さ二〇間（約三六メートル）、幅五間（約九メートル）、深さ三間一尺五寸（約六メートル）、三本檣で大砲一〇挺据とある。石井謙治氏・安達裕之氏らの研究によれば、「鳳凰」は日本で最初の本格的洋式軍艦（バーク型）と評価されている。

九月七日、浦賀奉行は与力の香山栄左衛門・田中信吾・中島三郎助・佐々倉桐太郎・中田佳太夫、同心の田中半右衛門・春山弁蔵（はるやまべんぞう）・岩田平作・田中来助を御船製造掛に任命した。翌八日、香山たちは東浦賀村を見分し、浦賀奉行所の御船御用達を務める勘左衛門や重五郎の地所を建造場所と定めた。二十九日には就業規則が定められ、①火の用心を心掛け、

図６　「鳳凰」(「御軍船鳳凰丸図」石川泰旦氏所蔵・香川県立ミュージアム提供)

くわえ煙管(キセル)は禁止する、②掛以外の者がみだりに出入りすることを禁止じ、やむを得ない用事などがある場合は会所に届け出て指示を仰ぐ、③諸職人・人足に腰札を渡し、製造場所を引き揚げるときに回収する、④建造場所での喧嘩口論は慎み、飲酒も一切禁止する、⑤始業・昼飯・夕飯・終業に際して太鼓あるいは拍子木を打つ、⑥早朝から作業を始め、日が暮れて手元が見えなくなるまで続けるとされた。「鳳凰」建造は順調に進み、十一月までには七割、翌嘉永七年正月段階までには八、九割程度が仕上がっていたという(「浦賀史料」五)。

しかし、同月十四日、ペリー艦隊が再来航したため浦賀奉行所役人はその対応に追われ、「鳳凰」建造は一旦中断したものと思われる。結果的に幕府はペリー再来航までに軍艦を建造することができず、三月三日、横浜で日米和親条約を締結することとなった。

ペリー艦隊退去後の四月、浦賀奉行戸田氏栄は老中阿部正弘に対し、「鳳凰」竣工が間近であることを伝え、軍艦に関する「御規則」「御作法」を定めたいと述べ、その指針を示してほしいと上申している（「浦賀史料」五）。

阿部からどのような指針が示されたのかは判然としないが、同年五月五日、与力七名、同心二八名、足軽一〇名が「鳳凰」の乗組役掛に命じられ、各人に船中での役割が割り振られた。軍艦の総指揮にあたる将官は空席であったが、副将には与力中島三郎助・佐々倉桐太郎が就任しており、実質的な艦長の働きをなしている。また、浦賀奉行が作成したと思われる同年六月一日付の達書には「一艘は一艘だけの小天地」であるから、船中のことは将官・副将を「奉行名代」と心得るようにとある。

品川沖での試乗

浦賀での「鳳凰」建造は幕府軍艦の試作としての意味合いが強く、幕府が継続的に軍艦を建造していくか否かは「鳳凰」の試乗を経たうえで決定するというのが阿部の意図であった。浦賀奉行の戸田氏栄・井戸弘道も「鳳凰」建造を「御国家開創の事業」と捉え、「鳳凰」が高性能であればさらに数艘を建造して海軍創設に備えたいとしていた（「浦賀史料」五）。浦賀での「鳳凰」建造は、幕府の軍事政策の行方を左右する重要な事業であったといえる。

安政二年（一八五五）二月二十七日、乗組役掛は「鳳凰」に乗艦して西浦賀村館浦を出航し、大森村沖（東京都大田区）に停泊して幕閣の試乗に備えた。同月三十日、品川東禅寺に控えていた老中の阿部正弘・久世広周・内藤信親、若年寄の鳥居忠挙・遠藤胤統・本庄道貫、大目付の井戸弘道（浦賀奉行より転役）・筒井政憲、勘定奉行の松平近直、目付の鵜殿長鋭をはじめ、御側衆・箱館奉行・勘定吟味役・二の丸留守居・右筆ら、さらには江戸詰めの新任浦賀奉行土岐朝昌が鈴ヶ森沖（東京都品川区）の「鳳凰」に乗艦した。じつに錚々たる顔ぶれであり、「鳳凰」に対する幕閣の関心の高さを窺い知れる。

乗艦した幕閣に対し、乗組役掛の与力・同心・足軽・水主らは下座して迎え、土岐・中島・佐々倉を中心に艦内を案内した。その後、小銃の調練、空砲の試射、「帆巻立運転」、鈴ヶ森沖から羽田沖までおよそ一里（約四キロ）の航海などを行い、「鳳凰」の性能を幕閣に対して存分に見せ付けて見分を終えた。

しかしながら、幕閣での評価はいまひとつであった。江戸城で講評を受けた土岐が与力・同心らに伝えたところによると、江戸内海や浦賀の警衛用にはなるが、長距離輸送の性能には疑問符が付けられた（「浦賀史料」五）。海防だけではなく、長距離の海上輸送を担うことが軍艦に求められていたのである。

「鳳凰」は幕府が継続的に軍艦を建造していくための試金石とはならなかったが、幕府や明治政府のもとで海軍の活動を支え続けることになる。

「ヘダ」見分

「鳳凰」の品川沖見分が続く中、土岐は中島と佐々倉を伊豆国戸田村（静岡県沼津市）に派遣したいと阿部に伺いを立てている。それというのも、ロシア使節プチャーチン一行が戸田村で洋式帆船を建造していたからである。

前年の安政元年（一八五四）十一月四日、安政東海地震が発生し、下田沖（静岡県下田市）を津波が襲った。ロシアとの条約交渉にあたっていた勘定奉行川路聖謨の日記には「大荒波田面へ押来り、人家の崩れ、大船帆ばしらを立てながら、飛ぶが如くに田面へドッと来たる体、おそろしとも何とも申すべき体なし」（「下田日記」）と、大船を一気に田地へと押し流す、津波のすさまじさが記されている。

停泊中だったプチャーチン率いる帆船「ディアナ」は津波に巻き込まれて破損し、その修復のため戸田村へと向かったが大時化となり、駿河国宮島村沖（静岡県富士市）まで流されて座礁、沈没した（十二月一日）。アメリカ領事館になったことで知られる下田の玉泉寺には、この時に亡くなったロシア人下士官一名、水兵二名の墓所が設けられている。

図７　戸田号進水の図（東洋文庫所蔵）

地元民の救助活動もあり、プチャーチンたちは戸田村へとたどり着いたが、帰国するための洋式帆船を失ってしまった。そこでプチャーチンたち指揮のもと、イギリスの書籍などを示しながら日本の船大工たちと協力し、戸田村で「ディアナ」の代わりとなる洋式帆船を建造したのであった。建造場所にちなんで「ヘダ」と呼ばれたこの代船は全長約二五メートル、七五トン、縦帆を主帆装とする二檣スクーナーで、安政二年三月十日に進水式が行われた。図らずも、「ヘダ」の建造は、外国人から実地に造船技術を学ぶ貴重な機会となった。

その機会を捉えて戸田に派遣された中島と佐々倉の足跡は、中島が記した「南豆紀行」（『中島三郎助文書』）の記述から読み取ることができる。

派遣の命を受けた中島と佐々倉は安政二年三月十五日に浦賀を出発し、十九日に戸田村に到着したが、肝心の「ヘダ」はプチャーチンらを乗せてすでにカムチャッカへと出帆した後だった。しかし、クリミヤ戦争でロシアと交戦中であったフランスの船二艘を遠州沖で発見した「ヘダ」は、拿捕を恐れて戸田村に引き返してきた。この上ない幸運に恵まれた中島たちは二十日午後十二時頃から午後五時頃までの間、無事に「ヘダ」を見分することができた。また、通詞としてロシアとの条約交渉にあたっていた本木昌造から、「ヘダ」の建造方法やクリミヤ戦争の被害状況、各国の貨幣の相場などを聞き取っている。ほかにも「南豆紀行」にはパンや算盤、小銃の部品の名称や撃ち方の号令、ロシア人士官の階級などがカタナカで表記され、応接所や「魯船打建場」の位置を示した絵図も描かれている。見分を終えた中島は四月七日、浦賀に帰着した。

プチャーチンは部下全員が「ヘダ」に乗艦することはできなかったので、下田でアメリカ船をチャーターし、部下の多くを先発させたあと、残りの部下とともに「ヘダ」で帰国した。

「ヘダ」に関する情報は武士や船大工たちの間で広く共有され、国産の洋式帆船「君沢（きみさわ）

形（がた）」建造に役立てられていくことになった。

桂小五郎の来訪

安政二年（一八五五）七月一日、ひとりの武士が浦賀を訪れた。長州藩士桂小五郎である。長州藩は前年に相州警衛の幕命を受け、三浦半島の村々を預所として支配するようになっていた。相模国三浦郡の上宮田（かみみやだ）陣屋（神奈川県三浦市）には多くの長州藩士たちが駐屯しており、海防のための軍備増強が求められていた。そうした最中、桂は長州藩の蘭学者東條英庵とともに与力中島三郎助に面会し、洋式艦船製造に関する教示を受けている。このとき数え年で桂は二三歳、中島は三五歳である。

中島はちょうど一回り歳の離れた若者に対しても丁寧に接したようで、二畳半ほどの塩物小屋で桂が寄食できるように取り計らい、春に訪問した江戸の薩摩藩邸で蒸気船の雛形を見学して感服したことなどを伝えた。これを受けて桂は、同僚の北条源蔵に薩摩藩邸を訪ねて委細を探索するよう申し含めている。同じ時期に長州藩の船大工も浦賀を訪れ、浦賀の大工とともに「鳳凰」の内装工事に加わっている（『木戸孝允文書』一）。「鳳凰」建造は幕府だけにとどまらず、諸藩における洋式造船技術向上の上でも貴重な経験になったと考えられる。幕府と長州藩はのちに洋式海軍を創設し、第二次幕長戦争で海戦を展開することになるが、それはまさに歴史の皮肉と言えるだろう。

長崎海軍伝習所から築地軍艦操練所へ

二つの海軍教育施設

本節では、長崎海軍伝習所と築地軍艦操練所の関係性に注目して、安政期における幕府の海軍創設計画の特質を明らかにしていく。

長崎海軍伝習所は、洋式海軍創設を目的として安政二年（一八五五）に開設された教育施設であり、のちに創設される幕府・諸藩の洋式海軍を担う人材が数多く学んだ。そうしたこともあり、藤井哲博氏の『長崎海軍伝習所』、倉沢剛氏の『幕末教育史の研究』、篠原宏氏の『海軍創設史』など、多くの優れた研究成果が積み重ねられてきた。

しかし、安政四年、幕府は江戸築地（東京都中央区）に軍艦操練所を開設し、同六年には長崎海軍伝習所を閉鎖するに至る。一定の成果を上げていた長崎海軍伝習所は、なぜ閉鎖されたのだろうか。

先行研究では阿部正弘政権から井伊直弼政権への転換、「咸臨(かんりん)」のアメリカ派遣要請など、さまざまな閉鎖理由が挙げられてきたが、本質的な理由については必ずしも明確になっていない。その疑問を解く鍵は、阿部政権下における初発の洋式海軍創設計画の中にあると筆者は考えている。とくに留学か教官招聘かといった伝習形式をめぐる幕閣での議論は、のちの政策展開を規定する重要な問題であったと考えられる。

まずは長崎海軍伝習所開設の契機となった幕府の蒸気船発注の流れを確認しておこう。

クルチウスとの交渉

嘉永六年（一八五三）九月、長崎奉行水野忠徳(みずのただのり)は同僚の大沢定宅とともに長崎出島のオランダ商館長D・クルチウスと蒸気船発注に関する交渉にあたっていた。オランダへの協力を求める徳川斉昭・慶恕らの意見を踏まえてのことであろう。長崎奉行は洋式海軍創設の考えはなく、あくまで海上輸送の安全を図ることを目的として帆船や蒸気船の取り寄せを希望しているが、それはもちろん建て前である。海上輸送の安定化も目的の一つであったことに違いないが、大船建造解禁の経緯を考慮すれば、幕府が最も期待していたのは洋式艦船購入による軍備増強であったことは明らかである。幕府は洋式帆船の国産化に着手する一方、オランダに外国製の帆船・蒸気船の購入を依頼しており、二重の路線で洋式艦船の獲得を目指していたのである。

長崎奉行の要望を受けたクルチウスは、九月二十日、その意向を汲んで「海軍御発起の考えがないことは承知した」と述べつつ、帆船を長崎に廻送させるには海軍将官・士官らが必要だとして、最終的な判断はオランダ本国政府の意向に任せると伝えた（『幕末外国関係文書之二』一三〇号）。他にも洋式艦船の運用には技術の伝授や航海練習が必要なこと、日本側に洋式海軍の技術を伝授するオランダ人教官の人数・待遇、洋式艦船の代金の支払方法などについて提案している。

クルチウスとの度重なる意見調整を経て、幕府は十月一日、正式にオランダへ帆船・蒸気船を注文している。同月十五日、クルチウスはオランダ東インド総督に宛てた書簡の中で「各国の蒸気帆船の威風は日本人に深い感銘を与えたようです。そして自分たちが洋式海軍に対抗できないと察知し、魔術を使ってでも、ヨーロッパ並海軍の創成を思い立ちました」と述べている（『幕府出島未公開文書　ドンケル＝クルチウス覚え書』）。オランダは洋式海軍創設を目指す幕府側の熱意をくみ取り、幕府を支援することで利益を得ようとしていたのである。

幕府の蒸気船購入計画は順調に推移していくかに思えたが、クリミヤ戦争が勃発したことで国際情勢は一変してしまう。この英仏対露の抗争はアジア方面にも波及したため、クルチウスは嘉永七年七月六日、長崎奉行水野忠徳に書簡を提出し、西洋諸国は戦中の慣習として軍備を調えて自国の守備を固めるので洋式艦船の購入が難しくなってしまったと伝えた。その代わりとして、オランダ政府がアジア情報収集のために日本へ派遣する蒸気船「スンビン」の滞留中、造船術・航海術・蒸気機関学などに関する伝授を行うことを告げた（『幕末外国関係文書之七』一七号）。

ファビウスの提言

嘉永七年（一八五四）七月二十八日、「スンビン」が長崎に入港した。率いたのはオランダ海軍中佐G・ファビウスである。同年閏七月二日、ファビウスはクルチウス経由で、長崎奉行水野忠徳に洋式海軍創設に関する意見書五十三か条を提出している（『幕末外国関係文書之七』七一号）。長文にわたるこの意見書の概要は次の通りである。

①日本には渚や入江・港が多くあり、それぞれに定まった風筋があるので、帆船を建造・購入することは無益である。②逆風や無風の場合、帆船は航海に日数を要するため、日本の軍備は蒸気船に限るべきである。③蒸気船を推進させる「水かき」は外輪式ではな

く、スクリュー式を採用するべきである。④初発の段階はオランダ人を雇用して技術の伝習を受けるべきである。⑤建造場所は木材・人材を調達しやすく、蒸気機関の製造所が多いジャワのスラバヤ（当時はオランダの植民地）が最適である。⑥日本には洋式艦船を修復するドックなどがないため、保有する蒸気船は鉄製よりも木製が適している。⑦長崎は造船所建設に適した地であり、その造船所の運営はオランダ人に委託するべきだが、莫大な費用がかかる。⑧士官たちは海軍運営に必要な学術を修得しなければならないが、そのためには学校が必要である。⑨西洋諸国では学校を設置して士官に必要な学術を教育している。⑩若年の者を西洋諸国に留学させれば、海軍に関する技術を修得できる。

結果的にこのファビウスの意見書に概ね沿ったかたちで洋式海軍は創設されていくことになる。

ファビウスは「彼らの蒸気船欲求を鼓舞するとともに、その渇望の炎が燃え続けることを念じて書き綴った」と意見書に込めた思いを日誌に記しており（『海国日本の夜明け』）、閏七月十・十四日にも意見書を提出して、海軍伝習における教師の必要性や待遇、オランダ語修得が不可欠なことなどを熱心に訴えた。

またオランダ政府が幕府に事前通告していた通り、ファビウスは「スンビン」やオランダ商館において予備的な海軍伝習を行っている。伝習を受けたのは、長崎地役人をはじめ、佐賀藩士・福岡藩士・薩摩藩士らであった。諸藩においても独自のルートで洋式海軍の技術・情報を蓄積する努力が重ねられたのである。ファビウスは一通りの伝習を施したのち、九月五日、「スンビン」で長崎をあとにした。

留学か招聘か

ファビウスの意見書を受けた幕府では、どのような方式で海軍伝習を行うのかが重要な議題となっていた。海外留学生を派遣する方式、あるいは外国人教官を国内に招聘する方式、どちらを選択するのかという問題である。

嘉永七年（一八五四）閏七月二十日、長崎奉行水野忠徳は老中に提出した伺書の中で、留学生派遣の欠点として、海外渡航禁止の「御国法」に抵触すること、人選や交代が難しいことなどを挙げている。一方、オランダ人教官を招聘する利点として、費用は嵩むが手広く伝習でき、交代にも支障がないことを挙げている（『幕末外国関係文書之七』九三号）。

同年九月三日に至り、老中阿部正弘も「伝授の者は長崎へ御呼び寄せの方然るべく候」と長崎奉行に通達している（『水戸藩史料』上編乾）。すなわち、留学の方が外国の情勢を把握でき、将来的な利益も少なくないが、人選など手間がかかり、直ぐに実行することは難しい。幕閣では評議中であるが、まずは少数精鋭の教官を招聘するようにオランダ側に伝えよと老中は長崎奉行に命じたのであった。

長崎奉行水野はファビウスの意見や老中の通達を踏まえ、九月二十日、スクリュー式蒸気船二艘の建造をはじめ、造船や航海の熟練者の派遣をクルチウスに依頼した（『幕末外国関係文書之七』二〇三号）。これを受けてオランダ政府は、蒸気船「スンビン」を日本に贈呈し、新しくスクリュー式蒸気船二艘（のちの「咸臨」と「朝陽」）を建造すること、「スンビン」の操縦を教えるために適当な専門家を出島に滞在させることなどを決定した（『幕末に於ける我海軍と和蘭』）。長崎海軍伝習の方式をめぐる議論は留学ではなく、教官招聘というかたちでひとまず決着をみたのである。

浦賀海軍伝習案

安政二年（一八五五）六月八日、ファビウスは蒸気船「ゲデー」を指揮し、教育班長を務める海軍士官P・ライケン艦長の「スンビン」を引き連れて再び長崎に入港した。

その頃、幕府では伝習の実施場所について議論がなされていたが、その中でもとくに興味深いのは、大目付・目付が老中に提示した浦賀での海軍伝習案である（『幕末外国関係文書之十二』二一一号）。

早々に浦賀にオランダ人教官を呼び寄せた方が（長崎よりも）江戸に近く、万事に便利であり、オランダ側も有り難いと思い、伝習の経費などもかからず、役人の管理などにも都合がよい。浦賀に呼び寄せる途中の海路ですぐに航海の修行ができるので、伝習生を選定して相応の身分の役人を取締りに任命し、薩摩藩製造の「琉球船」を借用して長崎に派遣、航海術を伝習しながら浦賀まで呼び寄せる。そうすれば無駄な経費がかからず、諸事手続きも便利になる。

幕府では伝習場所を長崎と確定していたわけでなく、経費・管理面から江戸近郊の浦賀も有力な候補地として挙げていたのである。

この大目付・目付の浦賀海軍伝習案に接した老中阿部正弘は、海防参与徳川斉昭に意見を求めた。七月二十六日付の斉昭の答申は次の通りである（『水戸藩史料』上編乾）。

オランダ人を浦賀に呼び寄せるという大目付・目付の評議は何分面白くはあるが、下田以外に新しく浦賀の先例をつくってしまうとアメリカなど諸外国の動向に影響し、アメリカ船が頻繁に来航するようになるという勘定奉行の意見はもっともである。よって、まずは伝習生を長崎に派遣する方がよい。

浦賀海軍伝習を実施した場合のリスクは、江戸内湾にアメリカ船が頻繁に来航するようになってしまうことであった。日米和親条約の締結により下田と箱館は開港したが、不開港地である浦賀にもアメリカをはじめとする諸外国の船がなし崩し的に寄港するようになる恐れがあった。斉昭は勘定奉行の意見も踏まえ、浦賀海軍伝習案に賛成することはなかった。

こうして海軍伝習は長崎で実施されることになり、七月二十九日、老中阿部は目付大久保忠寛を通じて長崎在勤目付永井尚志を伝習の取締役（伝習総督）に任命した。ただし、この任命書には「伝習が行き届き、差支もなくなれば、自然と船（「スンビン」）を浦賀に廻送するようにもなるのではないか。伝習の熟達の様子に応じて、長崎奉行と相談するようにせよ」（『幕末外国関係文書之十二』九六号）との一文があり、長崎海軍伝習が一定の成果を上げて「差支」がなくなったらという条件付きで、練習艦「スンビン」の将来的な浦賀廻送の可能性を告げている。

幕府上層部は浦賀海軍伝習案を完全に否定したわけではなかったが、まずは国際情勢などを考慮して長崎での海軍伝習を優先的に実施するという判断に至ったと考えられる。

伝習生の選定

永井の伝習総督任命と同日、老中は浦賀奉行に伝習生の選抜を命じている。選抜の条件は与力二名、同心一〇名ほど、若くて堅実な人柄、文学の才能があるか、砲術・蘭学、蒸気船建造などを心得ている者であった。

当時の浦賀奉行松平信武と土岐朝昌が老中阿部正弘に呈した伝習生の調査書の内容をみると、とくに与力の中島三郎助と佐々倉桐太郎は士官候補と位置付けられている。伝習生として推薦された与力・同心は、文学や筆算といった基礎教養を基盤として、砲術や大船製造、測量、絵図作成といった海軍運営に関わる技能を評価されている。戦闘者たるべき武士に求められる技能として、砲術や造船術が重要な位置を占めるようになっていた。そうした技能は海防という実務経験の中で培われていった実戦的なものであり、泰平の世の中で武士が嗜みとして修得した、伝統化、定式化された武芸とは異質のものであった。

それでは、最終的にどのような者たちが選抜されたのだろうか。

勘定格徒目付永持亨次郎、小十人組贄善右衛門組矢田堀景蔵、奥田主馬支配小普請組勝海舟の三名は、伝習生の監督にあたる特別な立場である。

将来的に海軍の主軸となる士官候補生としては韮山代官手代の岩島源八郎・望月大象・長沢鋼吉・石井修三・鈴藤勇次郎、浦賀奉行組与力の中島三郎助・佐々倉桐太郎が選抜された。

ほかにも鉄砲方井上左太夫組与力の三浦新十郎・蜷川藤五郎、同同心の中村泰助・小笠原庄三郎・鈴木儀右衛門・小川喜太郎・福西甚平、鉄砲方田付四郎兵衛組与力の尾形作右衛門・松島鐸次郎・川下作十郎・関口鉄之助・近藤熊吉・村田小一郎、浦賀奉行組同心の斎藤太郎助・柴田伸助・岩田平作・山本金次郎・春山弁蔵・金沢種米之助・浜口興右衛門・飯田敬之助、天文方の福岡金吾・小野友五郎・高柳兵助、地元の長崎地役人、徒目付・小人目付の役人、諸藩士たちが参加している。

韮山代官所・浦賀奉行所はそれぞれ伊豆半島・三浦半島の海防を担当した幕府の重要な役所であったため、砲術はもちろん、「ヘダ」や「鳳凰」といった洋式帆船建造の経験を合わせ持つ役人が存在していた。また、鉄砲方の与力・同心が多く選抜されているが、井上は井上流（外記流）砲術、田付は田付流砲術の宗家である。ともに幕府の銃砲を管理する鉄砲方を世襲してきた家柄で、海防政策の策定にも深く関与していた。長崎町年寄で高島流（西洋流）砲術の祖、高島秋帆が天保十二年（一八四一）に徳丸原（東京都板橋区）で行った調練を見分した際には、その技術を批判したが、弘化・嘉永期になると自流派の中に西洋砲術を受容し、時代の変化に対応していた。幕府において砲術や造船術に精通した人材の多くは、海防を担当した部局の者たちであった。

また、長崎の地役人が三二名、オランダ人教官との仲介役となる伝習掛通弁官（通訳）が一四名と、多数選抜されている。オランダ人教官を長崎に招聘するわけなので当然の結果だろう。

　選抜された伝習生は陸路と海路に分かれて長崎に向かい、海路組は薩摩藩建造の「昇平」（のち幕府に献上され、「昌平」と改称）に搭乗し、十月二十日に長崎に到着した。しばらくして伝習総督永井尚志は伝習生を率い、出島のオランダ商館で入門式を行った。ここに至り、ようやく長崎伝習が開始されたのである。

第一次伝習の開始

　長崎海軍伝習は長崎奉行所の西役所を教場として行われた。同所が長崎海軍伝習所ということになる。伝習期間はペルス・ライケンが担当した第一次伝習（安政二年十月〜同四年九月）、カッテンディーケが担当した第二次伝習（安政四年九月〜同六年二月）に区分できる。そこで、まずは第一次伝習の様子を確認しておこう。

　科目はペルス・ライケンが航海術・運用術、筆頭二等士官ス・フラウエンが造船学・砲術、二等士官エーフが船具学・測量学、二等公用方士官デ・ヨンゲが算術、三等機関方ドールニックスとフェラールスが機関学、兵卒組頭シンケルンベルクが砲術調練を担当した。後年の勝の言によると、午前は八時から十二時、午後は一時から四時までが座学であり、機を見て艦上での運転や帆の操作などの実地演習を行った。練習艦には、オランダ国

図８　長崎海軍伝習所絵図（公益財団法人鍋島報效会所蔵）

王ウィルレムⅢ世から寄贈された「スンビン」を「観光」と改称して使用した。「観光」は幕府が初めて入手した外国製蒸気船となった。伝習総督永井尚志は「船中課程」や「船中章程」を定め、艦内での心得や規則を伝習生に伝えた。

伝習生は諸藩からも多数参加しており、少なくとも佐賀藩四七名、福岡藩二八名、薩摩藩一六名、長州藩一五名、津藩一二名、熊本藩五名、福山藩四名、掛川藩一名の参加を確認できるが（『海軍歴史』）、実際には非公式に伝習に参加した者もいるので、その数も含めればさらに多くなる。

一九世紀のオランダの植民史家Ｖ・シ

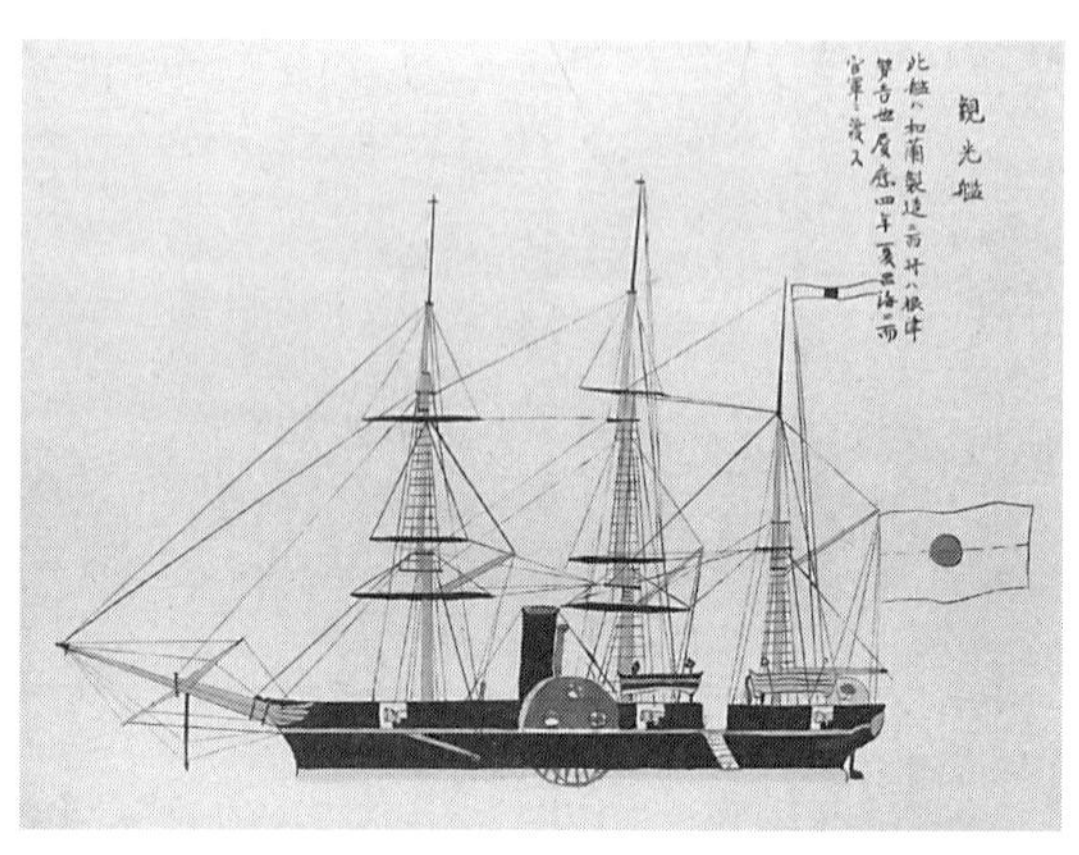

図９　「観光」（「遊撃隊起終並南蝦夷戦争記　附記艦船之図上」函館市中央図書館所蔵）

エイスによると、伝習の内容・効果は以下のようであった（『世界貿易に日本を開国させるオランダの努力』）。①船舶用蒸気機関についての知識は、飛躍的に進歩した。②機関部伝習生は、「観光」による数度の巡航航海によって、蒸気機関に関する知識を大いに得た。③造船術の実習において伝習生は自ら造船を試みた。とくに佐賀藩伝習生はこの分野において完全な成功を修めた。④索具の知識において、伝習生は非常に素晴らしい進歩を見せた。⑤「観光」での演習において、伝習生には進歩らしい進歩はなかった。⑥多くの伝習生の算術は大きく進歩した。⑦オランダ語は、かなり大きい進歩を示した。⑧歴史学・地理学において、伝習生は非常な熱心さを示した。⑨砲術・築城術に関して、幕府伝習生は塹壕や要塞の各部名称、必要条件について速やかに覚え込んだ。⑩艦砲・野砲・臼砲による訓練は、伝習生によって迅速かつ正確に行われた。⑪手銃操練の教育は、各個・分隊・大隊教練からなり、歩兵として予定されていた多くの伝習員がそれを行った。⑫太鼓の学習では毎日終日騒々しい楽器の音を響かせていた。

蒸気機関・索具・算術・オランダ語の分野が成果を上げ、歴史学・地理学・砲術・築城術についても熱心に取り組んでいた一方、「観光」での演習には進歩がなかったという。しかしながら、安政四年（一八五七）三月、伝習生はオランダ教官の力を借りることなく、独力で「観光」を江戸まで廻航させることに成功している。これは伝習生が長崎海軍伝習を通じて、蒸気船運用の技能を一定程度獲得したことを示す出来事である。

築地軍艦操練所の開設

安政四年（一八五七）三月四日、「観光」は伝習総督永井尚志はじめ幕府伝習生を乗せて長崎を発し、上関（かみのせき）（山口県上関町）・御手洗（みたらい）（広島県呉市）・鳥羽（京都府鳥羽市）などを経て、同月二十六日に品川沖に無事到着した。「観光」の江戸廻航は、長崎海軍伝習の練習航海ではなく、総合的な武芸養成機関である築地講武所構内に軍艦教授所（のち軍艦操練教授所・軍艦操練所・軍艦所・海軍所と改称。本書では海軍所開設以前の名称を軍艦操練所で統一する）を開設するための対応であった。

同年閏五月八日、幕府は軍艦操練所の役人を次のように任命している。総督には永井尚志（長崎在勤目付）、教授方頭取には矢田堀景蔵（小十人組）、教授方には佐々倉桐太郎（浦賀奉行組与力）・浜口興右衛門・岩田平作・山本金次郎・土屋忠次郎（以上、同同心）・鈴藤勇次郎・石井修三（以上、韮山代官手代）・小野友五郎（天文方）・中浜万次郎（通訳）、教授方手伝には尾形作右衛門（鉄砲方田付組与力）・関川伴次郎・村田小一郎・近藤熊吉（以上、同同心）・鈴木儀右衛門・小川喜太郎（以上、鉄砲方井上組同心）、塚本桓輔（矢田堀景蔵内侍）を任命したのである。

教授方八名のうち半数が浦賀奉行所役人であり、彼らが軍艦操練所での教育の中核を占めた。軍艦操練所役人のほとんどが長崎海軍伝習生である中、ただ一人の例外が中浜万次郎である。万次郎は土佐国中浜村（高知県土佐清水市）の出身で、漁に出て遭難したところをアメリカ捕鯨船に救助され、アメリカで英語や航海術・造船術などを学んで帰国するという、当時としては希有な海外経験を有する人物であった。

同年六月八日、幕府は「御軍艦操練稽古規則」を定めている。その内容は、測量・算術（一・六・四・九の日）、造船（二・七の日）、蒸気機関（三・八の日）、船具運用（七・五・十の日）、帆前調練（二の日）、海上砲術（二・八の日）、大小砲・船打調練（二・二十三日）で、朝四つ時から九つ時（午前十時頃～午後十二時頃）、九つ時より八つ時（午後十二時頃～午後二時頃）まで、年末年始の一時期以外、毎日教育を行うとしている。老中は旗本・御家人、忰・厄介に至るまでの「有志の輩」、さらには万石以上・以下の陪臣に対しても主人の推薦があれば稽古を許可するとして、七月十九日から稽古を開始する旨、大目付に通達した（『幕末外国関係文書之十六』六八号）。

一方、長崎では勝海舟をはじめ浦賀奉行組与力中島三郎助、同じく同心の春山弁蔵・飯田敬之助らも残留して伝習を継続し、同年四月十八日、永井の後任として目付の木村喜毅（きむらよしたけ）が新たに伝習総督に就任した。こうして洋式海軍創設に向けた教育の拠点は、江戸と長崎に二元化されたのであった。

留学案復活の評議

それでは長崎海軍伝習所が一定の成果を上げている中、なぜ築地に軍艦操練所が開設されたのであろうか。少し時間を遡って留学案との関係に注目してみたい。

長崎海軍伝習が始まって一年ほどが経過しようとしていた安政三年（一八五六）八月、老中阿部正弘は留学の件に関して、海防掛に以下のように諮問したという。

蒸気船運用などの伝習のため、長崎にオランダ人を呼び寄せて伝習生を派遣しているが、長崎では「従来の仕来」などがあり窮屈で、手広く修業できない。また伝習生にも「帰心」が生じてしまい、修業が行き届かない。航海術の修業などはなおさら不十分である。よって、「年少壮健の者」を選抜し、総督たちが引率してカルパ（現インドネシアのジャカルタ）に派遣させれば、「決心」して航海術などを十分に修業できるであろう。後来の弊害を懸念していては際限がなく、いつまでも萎縮したままで成長することはないだろう。最早いろいろな議論に関わらず、伝習生をカルパに派遣するべきではないか。利害得失をしっかりと考慮して意見を述べよ。（『阿部正弘事蹟』二）

この諮問に対する海防掛の答申は判然としないが、同年十月、伝習総督であった永井尚志は、留学生派遣の上申書を幕府に提出している（『海軍歴史』）。それによると、長崎海軍伝習のデメリットとして、①毎年莫大な費用が嵩むこと、②外国船入港時や多数のオランダ人が長崎に行く時の取扱いが煩雑であること、③帰りたいという思いが働いて確実に修行できないこと、④外国情勢を実見した者がおらず、臆測するだけで誤伝が少なくないことが挙げられている。伝習開始から一年ほどが経過してみると、長崎に教官を招聘することの欠点が明確になっていった。たとえば、当初は低予算や管理の簡易さが長崎海軍伝習の利点として考えられていたが、この永井の上申書ではそれらの要素が否定されている。

そこで留学生の派遣が再び問題となったわけである。

この永井からの上申を受けた阿部正弘は同月二十八日、海防掛に対して「いよいよカルパえ伝習人遣わされ候方に評決相成り申し候、就いては怠惰生ぜざる様、年季を限り、先ず五年程も遣わされ置き候方これ有るべく候」（『幕末外国関係文書之十五』八五号）と述べ、留学の手続き方法などを早急に調査するように命じている。この段階で幕府上層部では、カルパへの留学生派遣が内定していたといえよう。翌安政四年二月二十三日、阿部は永井が江戸に戻り次第、留学生派遣のことを通達するとしている。永井が「観光」で江戸に帰着したのは、じつにその翌月のことであった。

このように築地軍艦操練所の開設と留学生派遣計画は、密接に関連している。そもそも長崎海軍伝習開始にあたっては、留学か教官招聘かという幕府内の議論があり、長崎での教官招聘による伝習は当座の対応として選択されたにすぎなかった。そのことは、永井の総督任命時に、将来的展望として浦賀への蒸気船廻航が示唆されていたことからも読み取れる。この点については、前述のファビウスの意見書でも、オランダ教官の伝習はあくまでも初発の段階と限定されていたことに留意しておきたい。

ただし、実際に軍艦操練所が設置された場所は浦賀ではなく築地であった。この変化は、アメリカとの間で進行していた通商条約締結をめぐる議論に影響されたものと思われ、開港を想定して江戸内海の防備を強化する意図から、すでに講武所の用地となっていた築地が選ばれたのではなかろうか。いずれにせよ、大目付・目付の浦賀海軍伝習案にみるように、伝習経費の節約、伝習生の管理上の都合などから江戸近郊での海軍伝習が志向されていたことは確かである。

長崎海軍伝習所と築地軍艦操練所が並置されていた時期は、長崎から江戸へ、教官招聘から留学へといった海軍教育の拠点・方式の移行期として位置付けることができるだろう。

第二次伝習の開始

伝習開始から二年ほどが経過した安政四年（一八五七）八月四日夜、オランダ第二次教育班長を務める海軍士官カッテンディーケが蒸気船「ヤパン」を指揮して長崎港口に来航した。第一次教育班と交代するための訪日であった。「ヤパン」は前述の幕府の注文に応じてオランダのキンデルダイクで建造された一〇〇馬力の蒸気船で、「咸臨」と命名され、第二次伝習の練習艦として利用された。ペルス・ライケン率いる第一次教育班はその使命を全うし、九月十六日、商船で帰国の途に就いた。

第二次教育班による伝習科目は、カッテンディーケが綱索（こうさく）取扱い・演習・規程・地文学、一等士官トローイェンが艦砲術・造船・艦砲練習、二等士官ウイッヘルズが運転術・数学・代数・帆操練、主計士官ウンブフローベが算術、軍医のポンペが物理・化学・分析学・包帯術、機関士官ハルデスが蒸気機関学理論、普通学教師センテュールがオランダ語・算術・乗馬、海兵下士官ハンカラーシルクが歩兵操練・船上操練・一般操練、鼓手ベルグとクックが軍鼓の練習、そのほか船大工が造船所操練、製帆手が帆檣操練（はんしょうそうれん）、漕手（そうしゅ）が水兵の仕事の練習、看護手が医官・印刷部の手伝いを担当した。

実習としては「咸臨」での近海航海が計四回にわたって行われている。第一回は五島・対馬廻り、第二回は平戸（長崎県平戸市）・下関（山口県下関市）・鹿児島（鹿児島県鹿児島市）廻り、第三回は帆船「鵬翔（ほうしょう）」との天草（熊本県天草市）廻り、第四回は江戸に向かう「鵬翔」を見送りながらの山川（鹿児島県指宿市）・鹿児島廻りである。「鵬翔」は原名を「カタリナ・テレジア」と称し、「観光」の江戸回航によって不足した長崎の練習艦を補充するために幕府が購入したイギリス製の帆船である。第二次伝習に至り、充実した実地訓練がくり返されていった。

伝習の日々

カッテンディーケは伝習終了後の一八六〇年、日記をもとに長崎での伝習の日々を振り返り、『滞日日記抄』を書き上げた。この著作は昭和十八年

（一九四三）四月、水田信利氏の訳により『揺籃時代の日本海軍』と題して有終会より出版、昭和三十九年九月に『長崎海軍伝習所の日々』として平凡社から再版された。同書は伝習生の様子を今に伝える貴重な記録となっている。

その記述を見ると、「咸臨」による五島・対馬への航海時には「機関部員は監督のオランダ将校一名のほかは全部日本人ばかりであったが、この難航を立派に切り抜けた。私は最初、彼等が、とても二十四時間力一杯蒸気を焚き続け得ようとは予想しなかった」と、伝習生の意外な能力を特筆している。一方、「日本人は皆銘々に焜炉を持っていて煮炊きをする。いま百人も乗組員のある船上で、銘々が焜炉で煮炊きするさまを想像してみるがよい」と船上での火気取扱の危険性を理解していない伝習生の無頓着さに嘆息している。また、新造したカッター船が座礁、破損したため艫を修理することになったが、修船台に引き揚げる段になって注文していた木材が届かず、「万事すべてがこの通りだ。いかにも約束はする、命令は与えるが、しかし何の役にも立たない、そうして肝腎な場合には威厳も何の効き目もないのだ」と日本人の悠長さや約束に信頼が置けないことに呆れている。

カッテンディーケは日本独特の伝習生の行動について、しばしばカルチャーショックを受けており、異国の地で海軍教育を施すことの難しさが窺い知れる。長崎海軍伝習はまさに異文化交流そのものであった。

幕府伝習生の面々

安政四年（一八五七）に入ると徒目付(かちめつけ)忰の伊沢謹吾や榎本武揚をはじめ、韮山代官手代の安井畑蔵・柴弘吉・松岡磐吉(まつおかばんきち)、同見習の肥田浜五郎(ひだはまごろう)、浦賀奉行組与力岡田増太郎弟の岡田井蔵(おかだせいぞう)、さらに開港地となる新潟・箱館の奉行所関係者が新たに伝習に加わった。

第二次伝習が始まる頃には、蕃書調所句読教授出役赤松大三郎、箱館江戸書物用出役沢太郎左衛門、学問所教授方出役田辺太一ら語学に精通した若い人材が徐々に伝習に加わっている。その中には浦賀奉行組与力の朝夷捷次郎(あさいけんじろう)・合原操蔵・柴田真一郎らの姿があった。浦賀奉行所は将来的に洋式海軍を担う有望な人材の宝庫であった。

カッテンディーケは『滞日日記抄』の中で、数名の伝習生の性質について特筆している。中でも第一次に引き続き第二次教育において伝習生の監督を務めた勝海舟については、「オランダ語をよく解し、性質も至って穏やかで、明朗で親切でもあったから、皆同氏に非常な信頼を寄せていた。それ故、どのような難問題でも、彼が中に入ってくれればオランダ人も納得した」とその人望や交渉能力の高さを指摘しているが、「万事すこぶる怜悧」とも付言しており、教官と勝との間の微妙な関係が垣間見える。

また、伝習総督木村喜毅の従者という名目で途中参加した榎本武揚については、「その祖先は江戸において重い役割を演じていたような家柄の人が、二年来一介の火夫、鍛冶工および機関部員として働いているというがごときは、まさに当人の勝れたる品性と、絶大なる熱心を物語る証左である。これは何よりも、この純真にして、快活なる青年を一見すればすぐに判る」と述べている。カッテンディーケが特筆した勝と榎本、この両名は幕府海軍を支える希有な人材として成長を遂げていくことになる。カッテンディーケの優れた眼識、そして勝・榎本の海軍に適合した性質を示す人物評である。

本書で焦点を当てている浦賀奉行所役人の評価については、『滞日日記抄』の中から読み取ることはできないが、それは彼らが特筆するべき成果を上げていなかったことを意味するものではない。

中島三郎助のノート

浦賀奉行組与力の中島三郎助、同心の春山弁蔵・飯田敬之助らは、第一次伝習後も長崎に残留して、引き続き第二次伝習に参加していたが、安政五年（一八五八）五月十一日、榎本武揚・伊沢謹吾らとともに「鵬翔」で長崎を出航、山川経由で二十二日、浦賀に帰着して長崎海軍伝習を終えた。

中島は約二年半の伝習成果を『閑窓雑記（かんそうざつき）』と題して帳面に認めている。この雑記の作成時期は判然とせず、伝習後に書き加えた情報もあるように見受けられる。そこにはオランダ第二次教育班の教官名や俸給額、コルベット船の諸費用、「咸臨」「観光」の寸法、祝砲の規則、オランダ語の意味やオランダの国勢、製鉄に関する情報、「摂州神戸」のドライドックの図などが事細かに記されており、士官候補生として造船術修得を命じられた中島が具体的にどのような知識を得たのか、その詳細を窺い知ることができる。たとえば、造船教育担当の一等士官トローイェンからは、一八三九年以降にスクリュー式蒸気船が実用化され、二枚羽、羽幅の短いものが主流となっていることを教えられており、スクリュー式は船体が重く喫水が深まるため、川船には外輪式蒸気船が用いられていることなど、動力の構造と洋式艦船の用途との関係性がしっかりと整理されている。

ほかにも「咸臨」による五島・天草への航海実習を題材とした紀行俳文、カステラ・朝鮮飴の製法、喘息・コレラ・疥癬(かいせん)の治療薬や人工硝石の製法など、中島の幅広い好奇心の対象を知ることができて興味深い。

長崎海軍伝習所の閉鎖

幕府は築地軍艦操練所の教育体制を整備、強化するため、長崎の伝習生と練習艦を順次江戸まで呼び寄せていた。築地軍艦操練所教授方頭取となった矢田堀景蔵は、江戸に移送した「観光」の蒸気機関を修復するため、同艦を帆走させて長崎の地を再び訪れ、安政五年（一八五八）十二月十四日、「咸臨」に乗り換えて江戸に帰っていった。安政六年正月五日、すっかり古参となった勝海舟も「朝陽」で長崎から帰府の途につき、同月十五日、江戸湾に到着した。「咸臨」と同型の「朝陽」は、幕府がオランダに注文していた蒸気船の一つで、安政五年五月三日、長崎に入港して伝習の練習艦となっていた。この「朝陽」の江戸回航によって、長崎海軍伝習の練習艦はすべて築地軍艦操練所で運用されることになった。なお、「観光」は長崎での修復完了後、一定の期間、佐賀藩に貸与され、三重津海軍所で運用されている。

軍艦操練所の人材・洋式艦船が補充される一方、長崎海軍伝習を継続する積極的な理由はなくなった。安政六年正月十三日、老中は総督木村喜毅・長崎奉行・軍艦操練掛に対して、「長崎表に於いて蒸気船運用其の外諸術伝習の儀は、遠境の儀にもこれ有り、差支えの筋もこれ有るやに相聞け候に付き、向後同所に於いて伝習の儀は御差止め相成り候」（『幕末外国関係文書之二十二』二五号）と、長崎海軍伝習の中止を通達している。さらに老中は木村と長崎奉行に対し、オランダ側が長崎海軍伝習中止に関して苦情を申し立てた場合は、説得するようにと命じている（『幕末外国関係文書之二十二』二一号）。これを受けて二月七日、木村がオランダ人教官に、翌八日には長崎奉行がオランダ理事官に対し、蒸気船の運用方法をほぼ修得したこと、長崎で伝習を行うには不都合な点があることなどを理由として、口頭で長崎海軍伝習の中止を通告した（同二二一号）。幕府がオランダ側の苦情中立を想定するなど、明確な合意を得た上での中止でなかったことは明らかである。

これに対してカッテンディーケは不快感を露わにし、「むしろ生徒たちが話したとおり、事がかく決したのは、日本人が汽船を操縦して、何度も航海を試み、いつも良い成績を挙げたところから、日本人の特性として、何でも自分でやっつけたいという希望から、ついに我々の援助も教育ももはや無用であるという結論に到達したに相違ない」との考えを示している（『長崎海軍伝習所の日々』）。

当座の対応策として開設された長崎海軍伝習所の閉鎖は、築地軍艦操練所の開設、留学方式への転換といった幕府の一連の政策展開を鑑みれば、当然の帰結といえるだろう。もともと江戸近郊、少ない費用、そして留学方式での海軍伝習を志向していた幕府は、伝習生の技能向上、運営費の増大を考慮し、安政六年の段階で当初の方針に沿ったかたちで長崎海軍伝習所の閉鎖に踏み切ったのである。阿部正弘政権を引き継いだ井伊直弼政権においても洋式海軍創設への努力は継続されていくのである。

「咸臨」の渡米

「別船」派遣案

安政五年（一八五八）、長崎海軍伝習生や練習艦が江戸に回送されていった後の八月晦日、外国奉行に就任していた水野忠徳と永井尚志、目付の津田半三郎と加藤正三郎の四名は、日米修好通商条約批准書交換の使節をアメリカへ派遣するにあたり、蒸気船を「別船」として派遣することを老中に提案した（『幕末外国関係文書之二十二』一三二号）。それによると、諸外国は幕府が長崎海軍伝習を三か年も行っていることを周知しており、批准書の交換にあたって、日本側から船を一艘も出さないのは国際的な評価に関わる。そこで、正使が乗船する船とは別に、案内のためのアメリカ船を雇って「別船」として派遣するべきだというのである。

この提案で注目したいのは、外国奉行水野らが「別船」の乗組員として、軍艦操練所の教授方を候補に挙げていることである。すなわち、軍艦操練所の教授方がアメリカで「軍艦」の仕組みや海軍の法制などを研究すれば、幕府による海軍創設が進展するとある。換言すれば、留学方式での海軍伝習を計画しているわけである。外国奉行水野らは、単に国際的な評判や名義上の問題からだけでなく、海軍伝習という明確な目的のもとに「別船」の派遣を提案していたのである。

この「別船」として選抜されたのが「咸臨」であり、同艦は太平洋を横断してアメリカ大陸に到達するという壮挙を成し遂げることになる。以下では海軍伝習としての側面に注目して、「咸臨」のアメリカ派遣の意義について考察していきたい。

「咸臨」の乗組員

安政六年（一八五九）十一月、幕府は日米修好通商条約の批准書の交換に際し、「別船」の乗組員を次のように選抜している。

艦長には軍艦奉行木村喜毅、副艦長には教授方頭取の勝海舟を任命している。木村は軍艦奉行並の役職にあったが、アメリカ派遣の命を受け、同月二十八日に軍艦奉行に就任、従五位下・摂津守（せっつのかみ）となっていた。

軍艦操練所教授方のうち運用は佐々倉桐太郎（浦賀奉行組与力）・浜口興右衛門（同同

図10　「咸臨」乗組員．前列左から浜口興右衛門・肥田浜五郎・福沢諭吉，後列左から根津欽次郎・小永井五八郎・岡田井蔵．（慶應義塾福澤研究センター所蔵）

心）・鈴藤勇次郎（韮山代官手代）、蒸気は山本金次郎（浦賀奉行組同心）・肥田浜五郎（韮山代官手代）、測量は松岡磐吉（同）・小野友五郎（天文方出役）・伴鉄太郎（箱館奉行支配調役並）が担当した。軍艦操練所教授方手伝では赤松大三郎（蕃書調書句読教授出役）・岡田井蔵（浦賀奉行組与力弟）・根津欽次郎（小普請組）・小杉雅之進らが乗艦している。軍艦操練所教授方・同手伝はいずれも長崎海軍伝習の経験者である。幕府による「別船」のアメリカへの派遣は、長崎海軍伝習の成果の上に成り立っていたといえよう。

それ以外にも主務通弁官の中浜万次郎、軍艦操練所勤番の吉岡勇平、同下役の小永井五八郎、医師の牧山脩卿・木村宋俊、鼓手の名目で福沢諭吉・斎藤留蔵・秀島藤之助、医師門下生二人、水夫五〇人、火焚一五人、大工一人、鍛冶一人が乗り組んだ。

なお、「咸臨」には一一名のアメリカ人が同乗しており、彼らを統轄したのがJ・ブルック大尉である。ブルックはアメリカ海軍長官からカリフォルニア・香港間の蒸気船航路の調査を命じられ、スクーナー型の「フェニモア・クーパー」で来日していたが、アメリカ公使T・ハリスと会談中に同艦が座礁してしまい、日本を出ることができずにいた。そうした折、「別船」派遣案が持ち上がり、自らその教導役を申し出たのであった。

当初、幕府は蒸気船「観光」を「別船」の候補としていたが、同艦は外輪式で船体が弱く傾きやすいといった欠点があった。そのためブルックはアメリカの横浜駐在領事ドールを通じて、スクリュー式蒸気船を派遣するべきだという主張を老中に伝え、幕府は「咸臨」の派遣を決定したのであった。

「咸臨」の浦賀寄港

木村喜毅は正月十二日夜、軍艦操練所から品川沖の「咸臨」に搭乗した。翌十三日、「咸臨」は横浜に向けて出船、矢田堀景蔵指揮の「朝陽」が見送りのため随行した。横浜でブルックら一一名が乗艦し、十五日（十六・十七日とも）、浦賀に着船した。

浦賀は乗組員の佐々倉・山本・浜口・岡田らの郷里であったため、木村は彼らの一時帰省を認めた。すると浦賀奉行組同心の指田倫蔵が佐々倉の子供を連れて「咸臨」にやって来た。木村と指田は旧知の間柄で、「倫蔵は余が童時より知るものにして、相見ざる事ほとんど十年、予の其の頭上はや二毛あるに驚けり」（「奉使米利堅紀行」）と指田の成長ぶりを記している。木村と浦賀奉行所役人との関係の深さを窺い知れよう。また木村は水夫たちも交代で上陸させ、鮮魚を食べさせており、「この地の魚は新鮮にして極めて美なり」（同）と浦賀産の魚の味を賞賛している。鼓手として乗艦していた福沢諭吉は、のちに『福翁自伝（ふくおうじでん）』の中で浦賀寄港時の様子を回顧している。それによると、若者たちが「もうこれが日本の訣別（オワカレ）であるから浦賀に上陸して酒を飲もうではないか」と言い出したので福沢は彼らと遊女屋に入った。そこでうがい茶碗を発見し、船中の役に立ちそうだと考えてその茶碗を持ち帰ったという。浦賀寄港は出船前の乗組員たちの心に一時の安息をもたらしたことであろう。

ただし、「咸臨」が浦賀に寄港したのは、乗組員の息抜きや娯楽のためだけではない。長い航海に備えた薪・水・食糧の補給という重要な目的があった。水については浦賀湊の伝馬船などを動員し、計五二五石程（約九万四五〇〇㍑（リットル））を積み込んだという（石川政太郎「日記」）。水は飲料・煮炊きなど生活用のほか、蒸気機関を稼働させるためにも必要だっため、木村たちは出船前最後の寄港地浦賀で補給しておいたのである。

サンフランシスコ入港

十九日、快晴だが強い北西風の吹く中、「咸臨」は蒸気機関を稼働させて午後三時に浦賀を出船した。城ヶ島沖（神奈川県三浦市）から一端針路を南西にとり、さらに帆走して大島沖に至り、そこから太平洋を東に向った。「咸臨」は浦賀出船後、間もなく強風と高波に翻弄され、乗組員たちは難破や飲料水不足など生命の危機に直面しながらも、二月二十六日、無事にサンフランシスコに到達した。佐々倉桐太郎・浜口興右衛門・吉岡勇平・中浜万次郎がブルックとともに上陸し、現地の役人に「咸臨」の到着を告げた。洋式海軍創設を目指す一連の幕府の伝習政策の成果が具体的な形となって現れた瞬間であった。

福沢の回想によると入港時に祝砲をめぐる言い争いがあり、「ナマジ応砲などして遣り傷（そこな）うよりも此の方は打たぬ方が宜（よ）い」というのは勝海舟、「イヤ打てないことはない、おれが打ってみせる」と真っ向から反対したのは佐々倉桐太郎であった（『福翁自伝』）。勝は「馬鹿言え、貴様たちに出来たらおれの首をやる」と言い出したが、佐々倉は祝砲を放ち、「首尾よく出来たから勝の首はおれの物だ。しかし航海中、用も多いからしばらくあの首を当人に預けて置く」といって乗組員たちを笑わせたという。

メーア島での修復

太平洋横断時に度重なる風波に曝された「咸臨」の船体は損傷が激しかったため、三月三日以降、メーア島の造船局で船体の修復を行うこととなった。メーア島は海軍局のほか、河口にドック・器械製造所・倉庫などが置かれたアメリカ海軍の拠点であった。

「咸臨」の修復に際しては浮ドック（フローティングドック）が利用されることとなった。浮ドックとは艦船の建造・修復などに用いられるドックの一種であり、一旦ドックを水中に沈め、艦船を引き入れてポンプで排水してからドックを艦船ごと浮上させて利用する。場所が固定される乾ドック（ドライドック）に対し、任意の場所で修復作業ができる移動式のドックであった。この時、初めてドックを目の当たりにした「咸臨」の乗組員たちは、その構造を実地に学習するなど、幕府の海軍創設に資する情報を収集している。たとえば火焚小頭嘉八の旅行記「異国の言の葉」には、初めて見る浮ドックの仕組みが詳細に書き取られている。

> 此の日（三月三日）の午の刻（午後十二時頃）彼の地（メーア島）の御製造場え御船を乗り込み候処（そうろうところ）、此の仕懸け妙なり、先ず長さ三拾八間（約六九メートル）位、巾弐拾間（約三六メートル）、左右の端に長さ弐間（約四メートル）に巾九尺（約三メートル）位の箱形ちの物拾六之

有り、各高さ六尺（約二メートル）計りつつ壱丈五尺（約五メートル）程上に有り、跡は残らず水に沈み居り候、箱八つに切る、此の厚さ拾五、六間（約二七〜二九メートル）宛(ずつ)有ると申す事、是皆(これみな)蒸気の仕かけにて其の中え御船を乗り込め候て一時ただざるに御船と共に水上え浮き上がり、先程まで海の中に之(これ)有る御船も忽(たちま)ち大地の上に有る様に浮き上がり、御船の中には百人余の人数の食料メスネストの重さケートル計り弐拾壱本之有り、御船の重さ何拾万斤の重さとも知れざる物を即座に海上に浮き上がりし事ども、不思議と言うも実に以て人力の及ぶべき事ならず、亜国（アメリカ）の人の智恵の深き事、是にて思い知り給うべし（「異国の言の葉」）

「咸臨」の乗組員たちはドックの仕組みや造船工場などを見分し、国内での伝習では決して得ることのできない情報を収集することができた。国法として海外渡航が原則禁止されている中、幕府は日米修好通商条約の批准書交換の使節および随行艦の派遣という特例的な機会を最大限に利用してアメリカの最先端の技術を実地に見分することに成功したのである。

メーア島での修復を終えた「咸臨」は閏三月十二日にサンフランシスコへと向かい、同月十九日に同所を出船、ホノルルを経由して五月五日、無事浦賀に帰着した。

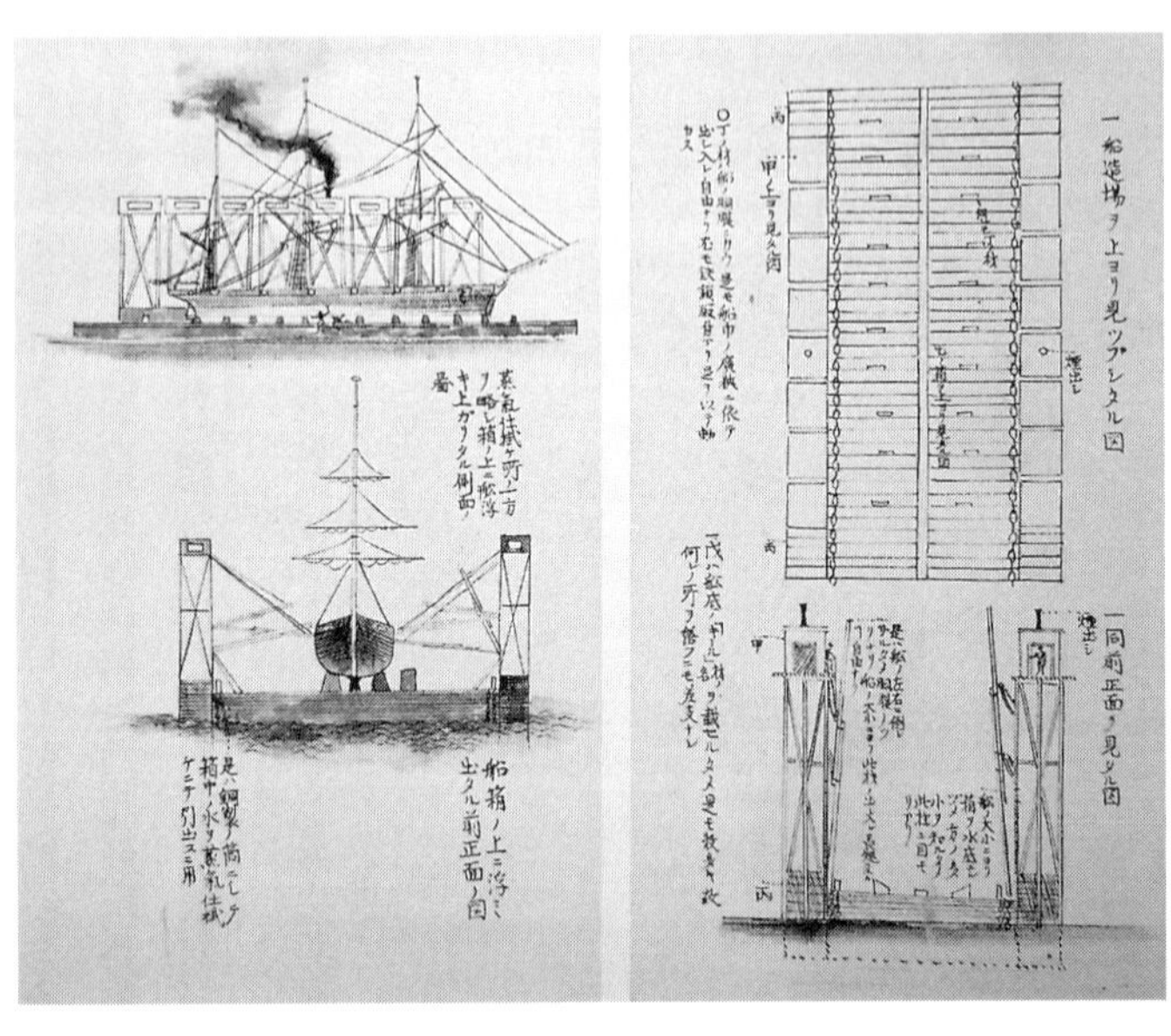

図11　浮ドックの図（「安政七年咸臨丸洋行日録」早稲田大学図書館所蔵）

死線を越えてようやく浦賀に上陸した一行のもとに思いも寄らぬ報が届けられる。大老井伊直弼が登城の途次、尊王攘夷派の水戸浪士らに襲撃され、首を討ち取られたというのである。「咸臨」の渡米中、桜田門外の変により政権のトップが暗殺され、開港直後の政局は混迷を極めていた。

太平洋横断航路構想を背景にペリー艦隊が浦賀に来航してからおよそ七年、武士たちは曲がりなりにも太平洋を横断できるだけの技量をもつに至った。「咸臨」の帰還により洋式艦船・人材が補充された築地軍艦操練所は、海軍教育に止まらず、横浜開港に伴うさまざまな役割を果たしていくこととなり、その延長線上に洋式海軍創設が実現することになるのである。

幕府海軍誕生と将軍上洛

幕府海軍起動

軍艦奉行の新設

安政六年（一八五九）六月二日、日米修好通商条約の規定に基づき横浜が開港すると、多くの外国軍艦・商船が江戸湾に出入りするようになった。幕府においては従来の海防という枠組みを越えて、外国船の江戸内海通航、外国人の居留を前提とした海域統治の体制を新たに構築しなければならず、幕府の洋式艦船を統轄する軍艦操練所に求められる役割は多角化していった。そうした中で軍艦操練所の運営を取り仕切ったのが軍艦奉行であった。

軍艦奉行は老中支配、外国奉行次席、場所高二〇〇〇石（のち三〇〇〇石）、役金二五〇両、諸大夫場であり、開港直前の安政六年二月二十四日、外国奉行永井尚志（ながいなおゆき）が任命されたことに始まる。永井は長崎海軍伝習所総督を務め、「観光」で江戸に帰還して以降は勘定奉行・外国奉行を歴任し、ロシア・イギリス・フランスとの通商条約交渉に関わるなど、外交上の経験を重ねていた。軍事・外交両面にわたる経歴を持っていたことが抜擢の理由と思われる。安政の大獄に連座して永井は免職になってしまうが、代わって八月二十八日、外国奉行と勘定奉行を兼帯していた水野忠徳（みずのただのり）が軍艦奉行に就任する。水野は長崎奉行としてオランダ商館長D・クルチウス、海軍中佐G・ファビウスと蒸気船の発注や海軍伝習に関する交渉を進めた経験があった。水野が二か月余りで西丸留守居に転任した後、十一月四日に小普請奉行井上清直（いのうえきよなお）、二十八日に軍艦奉行並木村喜毅（きむらよしたけ）が相次いで軍艦奉行に就任した。井上は下田奉行や外国奉行を務め、アメリカ行使T・ハリスとの通商条約交渉にあたった経歴をもつ。木村は長崎海軍伝習所閉鎖後、目付として外国御用立合、神奈川開港御用掛を務めて外交実務に携わり、九月十日には軍艦奉行を補佐する軍艦奉行並（老中支配、留守居上席、一〇〇〇石、布衣場、芙蓉間詰）に初めて就任していた。井上が文久二年（一八六二）八月二十四日に外国奉行に転役するまで、軍艦奉行は井上・木村の二人体制のもと、開港後のさまざまな問題に対応していくこととなる。

安政六年段階の軍艦奉行就任者は、いずれも阿部正弘政権下の人材登用で次第に頭角を現し、対外交渉や海軍教育に携わった経験をもつ者たちで構成された。それは横浜開港前後の軍艦操練所の活動が対外問題と密接に関連するものであったからにほかならない。

軍艦頭取・軍艦組の新設

文久元年（一八六一）七月十二日、幕府は軍艦奉行に属する新たな役職として軍艦頭取と軍艦組を設置した。軍艦頭取には両番格・小十人格があり、前者は場所高二〇〇俵、後者は一〇〇俵、ともに役扶持は一五人扶持、軍艦組は場所高八〇俵、一等が一〇人扶持、二等が七人扶持、三等が五人扶持という具合に等級ごとに役扶持が設定された。

軍艦頭取には軍艦操練所教授方頭取出役の矢田堀景蔵と伴鉄太郎、同教授方出役の小野友五郎の三名が就任した（『柳営補任』）。矢田堀景蔵は昌平坂学問所に学び、甲府徽典館学頭となり、小十人組贄善右衛門組として長崎海軍伝習に参加、永持亨次郎・勝海舟とともに伝習生を監督する立場で洋式海軍技術を修得した。伴鉄太郎は御徒を経て、箱館奉行支配調役並として長崎海軍伝習に参加、軍艦操練所教授方出役となった。小野友五郎は笠間藩士、幕府天文方出役として長崎海軍伝習に参加、軍艦操練所教授方出役となった。伴・小野はともに「咸臨」で渡米した経歴を買われての登用だと思われる。軍艦組には軍艦操練所教授方出役の鈴木録之助と福岡金吾、同手伝出役の根津欽次郎（勢吉）・渡辺信太郎・喰代和三郎らが就任した（『続徳川実紀』第三篇）。軍艦頭取・軍艦組の就任者は、いずれも軍艦操練所関係の役職を務める者たちであった。横浜開港後、軍艦操練所はさまざまな役割を担うことになったが、そこに勤務する教授方たちはいずれも出役という立場であった。出役は他に本務を持ちながら臨時的に勤務するいわば出向のような立場であり、軍艦操練所の場合は職務に見合った待遇が与えられていなかった。三谷博氏によると、軍艦頭取・軍艦組の任命は、渡米を命じられた「咸臨」乗組員が正規の役職就任を望んだ結果だという（『明治維新とナショナリズム』）。

そうした幕府海軍関係職には、既存の家格制度の枠組みを超えて、技能に応じた任用が必要であったため、両番格・大番格・小十人格・富士見宝蔵番格、出役・勤方・見習などの区分を設けて、既存の家格制度との調整を図っていった。

軍艦頭取・軍艦組の新設は、洋式艦船の指揮を執る海軍士官相当の役職が正規の幕府職制の中に初めて置かれ、軍艦奉行―軍艦頭取―軍艦組という指揮系統が成立したことを意味する。この指揮系統の成立をもって、幕府海軍はついにその制度的成立をみることになったのである。

慶應義塾図書館には軍艦奉行を務めた木村喜毅の日記・遺稿が残されている。慶應義塾を開いた福沢諭吉は、前述の通り、木村の従者として「咸臨」で渡米していた。その縁から木村の嗣子浩吉の手によって日記・遺稿が同図書館に寄贈されたのである。日記には公私にわたる日々の行動が記されており、軍艦奉行の勤務実態を把握することができる。

軍艦奉行の勤務実態

木村は安政六年（一八五九）十一月二十八日から文久三年（一八六三）九月二十六日まで軍艦奉行を務めているが（のち慶応三年六月二十五日に軍艦奉行再任）、その間の勤務場所は主に江戸城と築地の軍艦操練所（「操練局」）である。江戸城では老中に小形蒸気船の建造方法や担当者の名前、購入検討中の蒸気船の様子などを報告し、留学生派遣の建議を行ったり、老中から人事に関する認可を与えられたりしている。一方、軍艦操練所では同僚の井上清直とともに会議を開き、軍艦頭取・軍艦組・教授方たちからの書類の受取り、稽古人への講義などを行っている。軍艦奉行は江戸城で受けた通達を軍艦操練所で軍艦頭取・軍艦組・教授方たちに伝え、彼らの意見を取りまとめて江戸城で老中らに建言して新たな命を受けるというサイクルを繰り返し、洋式艦船運用に関する政務を取り仕切った。

江戸城と築地の軍艦操練所は近距離のため、木村は一日のうちに両所へ勤務することもしばしばであった。軍艦奉行を媒介し、幕閣の命令が軍艦頭取・軍艦組・教授方たちに伝えられていたのである。こうした命令系統は艦船運用の拠点が江戸近郊の築地に置かれたからこそ構築できたといえよう。

木村は江戸城と軍艦操練所以外にも、尊王攘夷派から外国人を守るために軍艦を配備していた横浜、あるいは小型砲艦「千代田形」を建造していた石川島にもたびたび出張している。軍艦奉行は幕府艦船に関わるさまざまな政策に関与していたのである。

以下では横浜沖警衛、「千代田形」建造、小笠原島（東京都小笠原村）の開拓など、軍艦奉行が関与した主な政策について紹介していきたい。

図12　木村喜毅（木村喜昭氏寄贈・横浜開港資料館所蔵）

軍艦による横浜沖警衛

開港直後の横浜では、尊王攘夷派浪士による外国人殺傷事件が相次いで発生している。安政六年（一八五九）七月、ロシアの海軍士官と水兵が殺傷、翌年二月にオランダ人二名が殺害され、開港地の治安を保てない幕府に国際的な非難が集中した。そうした中で桜田門外の変が起こると、老中久世広周（くぜひろちか）・安藤信行を中心とする幕閣は尊王攘夷派浪士の江戸・横浜襲撃に対する警戒を一層強めっていった。

万延元年（一八六〇）閏三月、講武所奉行・外国奉行（神奈川奉行兼帯）・軍艦奉行は、蒸気船「朝陽（ちょうよう）」と洋式帆船「鵬翔（ほうしょう）」による横浜沖での警衛を命じられた（「安政雑記」）。幕府は中川番所など江戸の河川交通の取締りを強化していたが、尊王攘夷派の水戸浪士たちが房総半島を東回りで江戸内海に侵入してくる経路も想定されたため、浦賀番所での船の検閲を強化し、横浜沖に軍艦を配備して警衛を強化する体制を敷いたのである。

また同月中には講武所奉行・外国奉行・軍艦奉行が「朝陽」「鵬翔」の横浜沖派遣に関する評議結果を六か条にまとめて幕府に報告している（『続通信全覧』三一、警衛門、湾内哨船）。第一から三か条目には「朝陽」「鵬翔」の乗組員の軍艦操練所役人・講武所稽古人・神奈川奉行所役人の内訳、第四から六か条目には具体的な取締り方法について記されている。その取締り方法は次の通りである。

まず軍艦操練所役人のうち二名につき水夫一名を加え、船前の檣先にて昼夜交代で横浜入港の船を見張らせる。軍艦操練所役人は見張番のほか「船中俗事の儀」をすべて取り扱い、軍艦を運転して事態に応じて砲撃の指揮を執る。「朝陽」備え付けのバッテーラ（艀（ふ）

船）や神奈川で雇った和船五艘を哨戒艇として、神奈川奉行所役人のうち二名、講武所奉行支配砲術方一名ずつが乗り込む。神奈川奉行所役人は横浜入港の船を検問し、不審な者を取り調べ、その場に船・人を差し止めて扇などで合図をして軍艦や他の哨戒艇四艘に通知する。合図が困難な場合は空砲で通知する。哨戒艇四艘のうち二艘は差し止めている場所へ漕ぎ寄せて警衛させる。哨戒艇の神奈川奉行所役人一名は上陸して神奈川奉行に状況を報告する。不審船の乗組員が不法の所業に及び、手に余る場合は講武所稽古人が捕縛したり打ち捨てても「時宜次第」とする。さらに夜中にも二艘ずつ、同様の手続きで哨戒させる。哨戒艇を雇う費用は神奈川奉行が調査する。

このように軍艦操練所は軍艦の操縦や砲撃の指揮、講武所は不審者の捕縛・打捨て、神奈川奉行所は不審船の検問（船改め）という具合に明確な職務分掌がなされていた。異なる権限を有する三者が軍艦に乗艦し、警衛を遂行することになったのである。

横浜沖警衛における軍艦の運用状況を確認してみると、まず「朝陽」「鵬翔」が万延元年四月から警衛にあたっているが、六月二十六日にはアメリカから帰国した「咸臨」が「鵬翔」と交代し、蒸気船二艘による警衛体制が採られた。七月には「朝陽」が下田沖で消息を絶ったイギリス馬運送船の捜索に向かうことになったため、代わりに蒸気船「蟠龍」が横浜沖警衛を担当している（「御軍艦操練所伺等之留」国立公文書館所蔵）。その後も蒸気船の運用状況に応じて軍艦は適宜交代していったが、原則として横浜沖警衛は二艘の軍艦によって遂行されていった。

外国人居留地のある横浜沖における浪士取締りの成否は、幕府にとって対外関係に関わる重要な問題であり、だからこそ導入して間もない洋式艦船を配備したのであろう。海防目的で導入された軍艦は、在留外国人の安全を確保するため、浪士取締りに活用されることになった。

幕府は、外国人遊歩区域に見張番屋を設置し、改革組合村を単位とした関東取締出役による取締体制を強化する一方、海上においては講武所奉行・外国奉行（神奈川奉行兼帯）・軍艦奉行が連携した洋式艦船による警衛の体制を構築していたのである。

在留外国人の安全に配慮する一方、幕府は海防強化にも引き続き取り組んでいかなければならなかった。とくに横浜が開港したことを受け、品川台場を拠点とした江戸内海防衛構想が再び議論されるようになっていった。

小形蒸気船「千代田形」建造

文久元年（一八六一）正月二十八日、石川島人足寄場内での小形蒸気船の試作が決定するが、これは品川台場を補完する砲艦の必要性を説いた小野友五郎の建議を軍艦奉行が受けてのものである。万延元年（一八六〇）十二月には軍艦操練所教授方が造船関係の洋書を参考にして小形蒸気船の二〇分の一の模型を製作し、幕閣の内覧に供していた。文久元年正月付の軍艦奉行の意見書によると、江戸内海防衛は国家の一大事であり、小形蒸気船五艘で「大軍艦」一艘を包囲、砲撃するという戦術構想のもと、将来的に品川・横浜に二〇艘を配備することを想定し、取り急ぎ二艘を建造したいとある（「御軍艦操練所伺等之留」）。勘定奉行・同吟味役らとの協議を経て、まずは一艘の試作が決定したのである。

船体の設計・建造は発案者の小野友五郎のほか、軍艦操練所教授方出役春山弁蔵（浦賀奉行組同心）、軍艦操練所教授方手伝出役高橋矢三郎（漆奉行清之丞三男）が担当し、目付・勘定吟味役で構成される大船製造掛が立ち会うことになった（「御軍艦操練所伺等之留」）。ほかにも安井畑蔵・沢太郎左衛門・赤松則良が関与したという（『日本近世造船史』）。

洋式艦船に搭載する蒸気機関の製作は、船体の建造とは別に長崎製鉄所で進められた。担当したのは、普請役格軍艦操練所教授方出役肥田浜五郎（韮山代官江川英敏鉄砲方付手代）、軍艦操練所教授方手伝出役朝夷捷次郎（浦賀奉行組与力仮抱入）、同小野左太夫（書院番組）、軍艦取調役頭取小林甚六郎、軍艦取調役鈴木哲之助、軍艦操練所取調方出役神津

十蔵（高尾惣十郎組御徒）、軍艦取調役下役二名である（「御軍艦操練所伺等之留」）。

キール釘締めの式が行われたのは翌文久二年五月七日、進水式は文久三年七月二日、蒸気機関を搭載して竣工したのは慶応二年（一八六六）五月中（慶応三年二月とも）なので、担当者の任命から起工・竣工までに長い年月を要したことになる。その理由は必ずしも明確ではないが、石川島人足寄場内に図面を製作する絵図引立所を新設するなど、準備に見込み以上の手間が掛かったこと、将軍上洛が計画されたこと、担当者の肥田浜五郎が製鉄機械購入のためにオランダ出張を命じられたことなどを挙げることができよう。

この小形蒸気船は長さ一七間二尺（約三一メートル）、幅二間半（約五メートル）、「千代田形」と命名され、実用化に成功した初めての国産蒸気船となった。しかし、建造されたのはこの一艘のみであることから、二〇艘を建造するとした当初の計画は挫折したといえる。建造に要する時間・労力などを考慮すれば、割に合わないと幕府が判断したのも首肯できるところである。

小笠原島の開拓

江戸の南方、太平洋上に位置する小笠原島はもともと無人島であったが、鯨の繁殖海域であったことから、一九世紀には西洋諸国の捕鯨船の寄港地として注目されるようになっていった。幕府は当初、小笠原島の領有に興味を示していなかったが、海外からの情報を通じて領有の重要性に気付き、久世・安藤政権の時期に至って小笠原島の開拓を進めるために「咸臨」を派遣した。計画段階では「朝陽」や雇用したオランダ船の派遣が検討されたが、破損や「不体裁」という理由で断念し、横浜沖警衛にあたっていた「咸臨」を派遣することが決定したのである。

図13　小笠原島調査に向かう「咸臨」
（「小笠原島真景図」より，国立国会図書館所蔵）

幕府による小笠原島回収計画については、田中弘之氏の『幕末の小笠原―欧米の捕鯨船で栄えた緑の島―』（中公新書、中央公論社、一九九七年）に詳しいので、本書では幕府艦船の動きに焦点を当て、その経過を追っていこう。

文久元年（一八六一）十二月四日、外国奉行水野忠徳を代表とする「咸臨」は品川沖を出船した。「咸臨」には艦長として小十人格軍艦頭取の小野友五郎、按針役として軍艦組の塚本桓輔・松岡磐吉、軍艦操練所稽古人の豊田港・西川倍太郎、運転手として軍艦組の鈴木録之助・柴弘吉、同出役の浅羽甲次郎、機関手として軍艦組の杉浦欽次郎・高橋栄司、同出役の喰代和三郎、大砲方として軍艦組の近藤熊吉が乗艦しており、軍艦頭取指揮のもと、軍艦組・同出役・軍艦操練所稽古人による役割分担がなされた。

浦賀に寄港してから小笠原島の開拓民を募集するため八丈島（東京都八丈町）に向かったが（十二月七日）、暴風雨に遭遇したため予定を変更し、直接小笠原島に向かっている。「咸臨」は小笠原島（父島）の二見湾（ふたみ）に着船し（十九日）、上陸した水野一行は開拓民の受容などについて島民代表のナザニール・セボリーたちと話し合い、島内を探索した。途中、軍艦操練所稽古人の西川倍太郎が縊死するという出来事が起こり、食糧不足にも悩まされたが、水野一行は「咸臨」に乗艦して母島に渡り、同島の調査を完了させた（二月十〜二十五日）。三月九日には「咸臨」で父島を退去し、十六日に下田に着船して陸路で江戸に帰った。

水野一行が食糧不足に陥った一因は「千秋」到着の遅延にあった。幕府は小笠原島に食糧や石炭などの物資を届けるため帆船「千秋」（軍艦組鈴藤勇次郎乗艦）を派遣していたが、悪天候の影響で到着が遅れてしまったのである。結局、「千秋」は伊豆国田子（たご）（静岡県西伊豆町）を出船することができず、「朝陽」（軍艦頭取矢田堀景蔵乗艦）が一部の物資を積み替えて小笠原島に向かったが、到着したのは「咸臨」退去の翌日であった。その後「千秋」も四月二日に父島に到着している。

果たせなかった小笠原島への移民を実現するため、幕府は「朝陽」の派遣を決定する。六月十八日に品川沖を出船した「朝陽」（軍艦頭取伴鉄太郎乗艦）であったが、当時流行していた麻疹に乗組員が罹患するなど、寄港地の浦賀で一か月ほど停泊せざるを得なかった。七月二十日にようやく浦賀を出船し、翌日、八丈島に到着した。「朝陽」は役人を降ろして一旦館山（千葉県館山市）沖まで退き、八月二十一日に八丈島に戻って移民と食糧を乗せ、二十六日、父島二見港に着船した。

幕府による小笠原島の開拓が進み始めた矢先の文久三年二月、生麦事件の賠償を求め、イギリス艦隊が横浜沖に集結し、軍事的緊張が高まった。イギリス軍による襲撃を恐れた幕府は「朝陽」で移住者を収容し、五月十三日に父島を出船、十九日に浦賀に帰着した。こうして小笠原島の開拓計画は頓挫したのであった。

開港直後の混乱した状況下、軍艦操練所・幕府海軍は軍艦奉行の指揮のもと、さまざまな事態に対応するために奔走していたのである。

将軍徳川家茂の海路上洛計画と海軍強化

参勤交代緩和と海軍増強

文久二年（一八六二）正月十五日、尊王攘夷派の水戸浪士が登城中の老中安藤信行を襲撃した（坂下門外の変）。安藤は一命を取り留めたが、背中に傷を負ったことで武士にあるまじき振る舞いと非難されて老中を辞職し、井伊政権後の政局を担った安藤・久世政権は崩壊した。

そうした中、島津久光（薩摩藩主島津茂久父）が薩摩から上京し、勅使大原重徳（おおはらしげとみ）を警護して江戸に下り、幕政改革の断行を建言することになった。

一方、幕府では水野忠精（みずのただきよ）・板倉勝静（いたくらかつきよ）・脇坂安宅（わきさかやすおり）らが老中に就任、五月二十二日には将軍徳川家茂（とくがわいえもち）が改革の上意を御三家や溜間詰（たまりのまづめ）、諸役人に伝えた。家茂は「外国と交際するにはとくに兵備の充実が不可欠であり、そのために時宜に応じて変革を執り行い、簡易の制度、質直の士風を復古して武威が輝くようにしたいので、厚く心懸けるように」(『続徳川実紀』四)と述べ、軍備増強を柱とする変革を促している。この上意は形だけに止まらず、幕府の支配の根幹にかかわる諸制度が相次いで変革されていくこととなった。

たとえば、七月四日、幕府は大名の洋式艦船(「軍艦」)での参勤・帰邑(きゆう)を許可するとともに、条約締結国から艦船を購入するに際しては、事前に幕府へ伺いを立てる必要はなく、神奈川奉行・長崎奉行・箱館奉行を通じて注文することを許可している(同)。諸藩における海軍増強を促すとともに、参勤交代の負担を軽減させることがねらいであった。

そして閏八月十五日にはそうした政策路線を一段階進め、参勤交代の回数、在府期間を緩和している(同)。原則として一年おきの参勤を三年に一回、在府期間を半年としたのである。

また、同月十八日には幕府・諸藩が保有する洋式艦船を対象にした浦賀での検閲(船改め)を中止している(『新訂臼井家文書』三)。これは諸大名の洋式艦船による参勤交代を想定した措置とみてよいだろう。

幕府の制度変革の主眼は、軍備増強、とりわけ諸藩とともに海軍を増強することにあり、その負担軽減のために参勤交代緩和に踏み切ったといえる（岸本覚「安政・文久期の政治変革と諸藩」）。

通商条約を締結し、箱館・横浜・長崎を開港したことによって、外国艦船が日本近海を頻繁に通航するようになった。そもそも通商条約締結以前の海防体制の基本原則は、異国船を隔離することにあり（上白石実『幕末の海防戦略』）、その原則を貫徹できるか否かは将軍の武威に関わる重要な問題であった。

そのことを鑑みれば、開港によって対外関係が変化する中、夷狄（いてき）の掃攘が本来的職務とみなされた征夷大将軍の武威を保つためには、軍備の増強、とりわけ海域を支配し得る海軍の整備が不可欠であった。いかに海軍を整備していくかは幕政の重要課題であり、それだけにその政策路線をめぐってはさまざまな意見が提示されることになった。

全国海軍創設の評議

文久二年（一八六二）閏八月、江戸城西湖の間で全国海軍創設に関する評議が執り行われた。先行研究において、この評議は幕府の文久改革を評価する上で重要な出来事として位置付けられ、勝海舟による「一大共有の海局」構想と、小栗忠順（おぐりただまさ）ら軍制掛による全国海軍創設構想との対立という構図のもとに分析が進められてきた。わかりやすく類型化すれば、前者は幕府・諸藩協力型、後者は幕府主導型による海軍強化の構想といえる。そうした点に注目すれば、両者の意見は確かに対立しているが、海軍増強が必要だという点では共通している。そもそも勝海舟は軍制掛という立場で評議に参加し、意見を述べているわけなので、勝が軍制掛の意見に反対したというよりも、修正を促していると理解した方が組織論的観点からみて妥当なのではないだろうか。

そこで本書では、江戸城での評議の争点を整理したうえで軍制掛全体の政策的志向性を見出し、幕府による海軍増強策がどのようなかたちで具現化していったのかを明らかにしていきたい。

まず十七日、軍制掛と軍艦頭取、続いて政事総裁職松平春嶽、老中・若年寄が江戸城西湖の間に列座した。軍制掛は幕府の軍事政策を策定するために各役職から選抜された、いわば特別プロジェクトチームであり、軍艦奉行木村喜毅もその一員であった。やがて将軍徳川家茂が出御（しゅつぎょ）し、海軍に関する諮問を行い、軍艦頭取福岡金吾がこれに答えた。その後は陸軍関係の評議に時間が割かれ、海軍関係の評議は延期されることになった。

延期された海軍関係の評議が始まったのは二十日、やはり江戸城西湖の間においてである。老中・若年寄・大目付・目付・勘定奉行・講武所奉行・軍艦奉行らが列席する中、将軍家茂が出御し、「軍艦三百数十艘を備え、幕臣に管理・運用を担当させ、海軍の大権を幕府が維持し、東西南北の海上を区分けして軍隊を置くとすれば、完備するのに何年かかるか」と軍制掛に諮問した。

この家茂の諮問の土台になったのが、築地軍艦操練所でまとめられた「大綱を論じた書」である。この書の原本は不明だが、家茂の諮問の内容から、軍制掛が閏八月付でまとめた「海岸御備向大綱取調申上候書付」(『海軍歴史』所収。以下「大綱書付」と表記)、あるいはそれに類似した内容だと考えて間違いなかろう。

「大綱書付」では、日本が四面を海に接していることから、海軍の創設、整備、台場の建設が不可欠であるが、幕府だけではなく、全国の諸藩の力を海軍に用いなければ全国的な海防の充実は困難であり、その実現のためには制度を大変革しなければならないとする。つまり、諸藩における海軍の創設、整備を推進し、その上で幕府・諸藩の海軍を統合し、全国海軍を創設する案が示されたわけである。

「海軍の大権」と江戸・大坂備

ここで問題となるのが、全国の諸藩が海軍を創設、整備するにあたって、「海軍の大権」をどのように統合するのかということである。諸藩の海軍を認めるのはよいとして、諸藩合同の艦隊を編成したり、一艘の艦船を諸藩が共有したりすると、規律が乱れて指揮系統が一元化されず、「国威」が立たなくなってしまう。幕府と異なり、諸藩では艦船建造や人材育成のために外国から士官や技術者を招くことは困難であり、藩によっては創設に遅速が生じるという懸念もあった。

そこで軍制掛は、幕府が「海軍の大権」を一手に掌握し、指揮系統を一元化する必要があるとして、幕府主導型の全国海軍創設を計画したのである。

具体的には「大綱書付」の別冊として、全国海軍の艦隊編成や配置の概要を示した取調書二冊を添付し、必要となる人員・艦船の数を示している（『海軍歴史』）。取調書の一冊には江戸・大坂備として合計七六艘、もう一冊には東海備、東北備、北海備、西北海備、西海備、南海備の六備、合計三七〇艘の船種、配置が記されているのである。このうち軍艦は三八二艘を数えており、家茂が諮問した「軍艦三百数十艘」とは、別冊の取調書の内容を参考にしたものと考えられる。

ここで留意しておきたいのは、軍制掛が以上の計画を「容易ならざる大業にて一朝一夕の儀には行われ難く候」と認識し、計画の全面的達成を長期的目標としつつ、まず江戸・大坂備の強化を短期的目標に掲げていることである。軍制掛の計画の主眼は、あくまで江戸・大坂備の強化にあったといえよう。

軍制掛は全国の海防を充実させるために以上のような計画をまとめ、その内容を踏まえて家茂が江戸城西湖の間で諮問したという流れになる。

評議の争点

この時の諮問に答えたのが軍制掛の一員であった軍艦奉行並勝海舟である。勝は十八日、突如として軍制掛に就任している。延期となった評議が行われるわずか二日前のことであるが、この動きには全国海軍創設計画に反対して将軍上洛を優先しようとする政事総裁職松平春嶽の意向が関係していたとされる（三谷博『明治維新とナショナリズム』）。

春嶽と勝は、幕府と諸藩が同じ立場で協力して海軍を組織する「一大共有の海局」を構想していた。当然、幕府主導型の構想には反対の立場をとることになり、「五百年後でなければ、その完備（「全備」）は難しい」と答え、まずは人材の育成が必要だとしている（「海舟日記」）。幕臣だけでなく、諸藩からも有志を選抜して海軍を盛大にするという考え方である。

留意したいのは、勝が実質的に不可能だとしているのは、あくまで軍制掛の計画のうちの長期的目標を完全に実現すること（「全備」）であり、江戸・大坂備の強化という短期的目標の達成に関してはとくに反対していないことである。つまり、全国海軍の「全備」、幕府による「海軍の大権」の掌握については、勝と他の軍制掛との間で意見が対立したものの、江戸・大坂備の強化については、互いに矛盾するものではなかったと考えられる。

全国海軍創設の評議は、軍備増強に関する意見開示の場であったため、とくに結論が導き出されるわけではなかった。軍制掛は九月付で幕府主導型の計画を再度提示しているので、「海軍の大権」をめぐる議論はその後も継続していたと考えられるが、幕府主導型、幕府・諸藩協力型、いずれにしても幕府による海軍増強の方針が諸藩に打ち出されることはなかった。

将軍徳川家茂の上洛

全国海軍創設の評議が行われる以前、幕府では松平春嶽の意向を受け、将軍徳川家茂の上洛計画が持ち上がっていた。将軍みずから上洛することで朝廷との関係を好転させ、公武合体を一気に推し進め、明確なかたちで国政を担う権限を委任してもらい、混乱した政治状態を正常化させようというのである。

勝海舟から将軍の海路上洛計画を示された大目付兼外国奉行大久保忠寛（おおくぼただひろ）は、文久二年（一八六二）六月七日、老中脇坂安宅にその内容を伝え、幕府内で本格的に評議する運びとなった。海路での上洛となれば、海難の危険性が伴う以上、江戸・大坂間の海路の安全確保、そのための海軍・蒸気船の整備は不可欠であった。

たとえば、勝は全国海軍創設の評議当日の閏八月二十日に「蟠龍」「千秋」の修復を命じられ、二十四日には将軍上洛に「蟠龍」が使用される可能性があるとして、修復場のある浦賀を見廻って年内に修復を完了するようにと春嶽や老中水野忠精から命じられている。また、将軍の海路上洛計画と前後して幕府艦船（とくに蒸気船）の数、さらには軍艦頭取・軍艦組の数も増加している（神谷大介『幕末期軍事技術の基盤形成』、金澤裕之『幕府海軍の興亡』）。

将軍の上洛計画は、海路を採用することで幕府海軍の強化と政策的な親和性をもつものとなり、軍制掛による江戸・大坂備の計画を実質的に後押しするものになった。

幕府は十二月二十八日に宿駅疲弊の緩和と上洛費用の軽減を理由に海路で上洛することを諸大名に達した。しかし、上洛直前となった文久三年（一八六三）二月、生麦事件の賠償を求めるイギリスが横浜沖に艦隊を集結させる事態になり、海路での安全が確保できなくなってしまった。そこで東海道を利用した陸路での上洛に切り替え、家茂は二月十三日に出府し、三月四日に上洛を果たした。三代将軍徳川家光以来、じつに二二九年ぶりの将軍上洛であった。上洛した家茂は朝廷との交渉に入ったが、国政の委任は限定的なものに止まり、ついには五月十日を期限とする攘夷実行を約束することになってしまった。

　その後、京都二条城から大坂城に移った家茂は、蒸気船「順動」に乗艦し、四月二十三日に鳥取藩警衛の天保山台場をはじめ、兵庫（兵庫県神戸市）・神戸（同）・西宮（同西宮市）、二十八・二十九日にかけて陸路で堺（大阪府堺市）・友ヶ島（和歌山県和歌山市）の台場を視察し、海路で加太浦（同）まで廻り、紀州藩主徳川茂承と面会している。さらに攘夷実行期限が迫る五月四日には、舞子浜（兵庫県神戸市）、淡路島の由良（同洲本市）まで廻っている。この大坂湾視察は、将軍がみずから海軍を率いることで「攘夷を行う将軍」の姿を朝廷や諸大名にアピールする絶好の機会となった（久住真也『幕末の将軍』）。

図14　「順動」（「遊撃隊起終並南蝦夷戦争記　附記艦船之図　下」函館市中央図書館所蔵）

　このとき「順動」を指揮していたのは勝海舟である。勝はこの機を捉え、直接将軍に海軍関係の人材育成の必要性を説き、操練所新設の許可を得

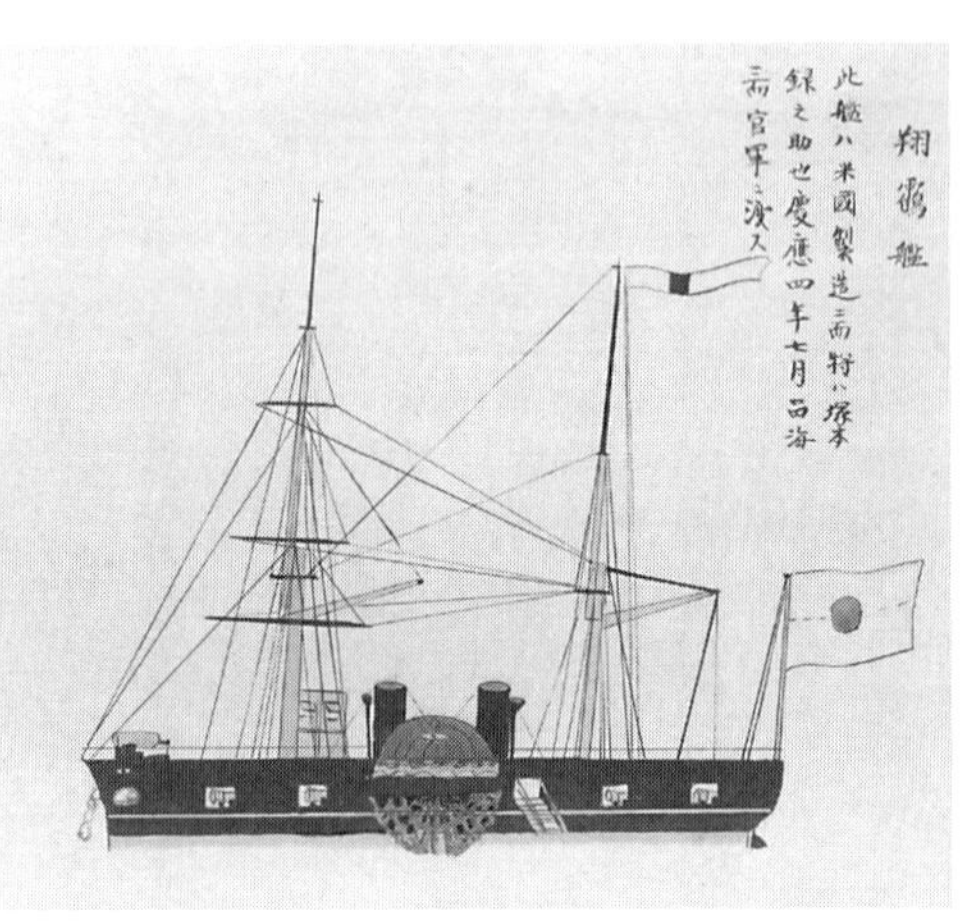

図15　「翔鶴」（「遊撃隊起終並南蝦夷戦争記　附記艦船之図　上」函館市中央図書館所蔵）

ており、これが神戸海軍操練所の創設につながっていった。旗本が将軍の面前で個別に意見具申する機会など、そうそうあるものではない。将軍家茂乗艦中の「順動」は、意見具申・政策決定が行われる新たな政治空間になっていたのである。

江戸への帰路では海路が選択され、家茂一行は天保山沖で「順動」「朝陽」「鯉魚門」「咸臨」に乗艦し（六月十三日）、わずか四日間で無事に品川沖へと帰り着いた（十六日）。

家茂は翌文久四年（元治元年）にふたたび上洛を果たしたが、このときは幕府の「翔鶴」「順動」「朝陽」「観光」「蟠龍」をはじめ、松江藩の「八雲」、薩摩藩の「セーラ」、福岡藩の「大鵬」といった諸藩の艦船も動員し、文久三年十二月二十八日から翌年正月八日にかけて品川・大坂間を海路で移動している。

海路上洛を果たした家茂は、元治元年（一八六四）四月、朝廷から将軍への国政委任を宣言する沙汰書を得たものの、国政の重要事項は朝廷に奏聞することになり、朝廷優位の公武合体が実現することになった。家茂は二条城から大坂城に移り、「鯉魚門」で大坂湾周辺を軍事視察した後、「翔鶴」「鯉魚門」「朝陽」「蟠龍」「観光」「長崎」「発起」「大鵬」「千秋」「広運」を率いて元治元年五月十六日から二十日まで、五日間の行程で兵庫から品川に移動した。

将軍徳川家茂による江戸・大坂間の移動は、海軍の整備、蒸気船の普及に支えられたものであった。海軍の整備、蒸気船の普及は武士の移動の迅速化、広域化をもたらし、政局の流動化、東西分裂を推し進めることになったのである。

将軍来航

東海道を利用して上洛を果たした将軍徳川家茂であったが、当初は海路を蒸気船で進む予定であったため、江戸内海の出入口にあたる浦賀では、将軍の来航に備えた体制が整えられていた。万一、海軍を率いる将軍が海難事故で命を落とすようなことがあれば、それは幕府にとってあってはならない失態となる。将軍の海路上洛計画実現のためには、航海や宿泊の安全を確保できる軍港の整備が必須であった。

将軍来航に備える

将軍の海路上洛計画が進められていた文久二年（一八六二）十一月、浦賀奉行大久保忠董(おおくぼただしげ)は、次のような浦賀の警衛計画を上申している（『新訂臼井家文書』四）。浦賀奉行所の与力二三人、同心八九人のほか、弘化二年（一八四五）に抱え入れた御備場付足軽四五人を浦賀番所・平根山遠見番所・明神崎台場・見魚崎台場に配置して海上を昼夜監視する。非常事態が生じたときは、浦賀番所前に繋留してある船に与力・同心・足軽が即座に乗り込んで築地軍艦操練所か徒目付当番所などに注進する。また、役人足や御備船船頭・水主をあわせて動員する。

浦賀湾口に位置する平根山（西浦賀村）には、江戸湾警衛を担当していた会津藩によって、文化八年（一八一一）に台場が建設された。その後、近郊の千代ヶ崎に台場が建設されたため、嘉永元年（一八四八）九月二十二日に平根山台場は廃止となり、海上監視用の遠見番所だけが残されることになった。明神崎台場は浦賀湾北岸の明神山（東浦賀村）に建設された上下二段の台場、見魚崎台場は館浦（西浦賀村）の東端に建設された台場で、いずれも嘉永六年に建設された。

文化・文政期になって江戸湾近海に異国船が頻繁に姿を現すようになると、幕府は三浦半島・房総半島沿岸に台場を建設し、銃砲や警衛船を配備して海防強化に努めた。そうした台場・警衛船を円滑に機能させるためには一定の人員を確保しておく必要があったことから、弘化二年（一八四五）、浦賀奉行所は「三方問屋」と呼ばれる西浦賀・東浦賀・下田の各問屋の子弟などから御備場付足軽を、浦賀奉行支配地の村々から御備船船頭・水主を任命し、勤務中に限って与力・同心のもとに配属し、それぞれに扶持を支給した。とくに御備場付足軽には帯刀や砲術稽古での銃砲の使用を認めるなど、身分上の規制を緩和して軍事力の一翼を担わせていた。

このように浦賀には施設面、組織面において軍港としての要件が一定程度備わっていたのである。浦賀奉行は既存の軍事施設や動員の仕組みを転用することで将軍来航に備えようとしていたのである。

幕府海軍との連携

海路での将軍上洛が間近に迫った文久三年（一八六三）正月五日、浦賀奉行大久保は与力・同心の中から上洛御用掛を新たに任命している（『新訂臼井家文書』四）。

上洛御用掛は警衛船の配備、台場の警衛、浦賀市中の取締りなど、将軍来航に伴う現場責任者であった。その構成は、与力の中島三郎助・元木齢助（もときれいすけ）、同心の柴田伸助・山本金次郎（のち指田倫蔵と交代）・土屋喜久助・福西良助（正月十七日任命）である。

さらに、正月二十三日には老中井上正直が与力・同心に幕府海軍への出役を命じている（『新訂臼井家文書』四）。富士見宝蔵番格軍艦頭取手伝当分出役に中島三郎助・佐々倉桐太郎、諸組与力格軍艦組出役に山本金次郎・岩田平作・土屋忠次郎という構成である。彼らは全員長崎海軍伝習の参加者であり、海軍に関する技能・知識を有することはもちろん、幕府海軍とも関わりの深い者たちであった。なお、中島・山本は上洛御用掛を兼帯しており、上洛御用掛の柴田も、幕府海軍に出役こそしていないが、長崎海軍伝習の参加者である。

幕府海軍は、浦賀の上洛御用掛を含む与力・同心を必要に応じて出役させることで、寄港の準備を円滑に進めようとしたと考えられる。普段は浦賀奉行所に勤務する与力・同心の中に海軍に通じた人材がいたことによって、寄港しやすい体制が整備されていたのである。これは軍港浦賀の特質を考える上で重要な点である。

焚出御用の準備

文久三年（一八六三）正月、浦賀奉行大久保は勘定奉行に焚出御用に関する伺い書を提出している（『新訂臼井家文書』四）。浦賀の焚出御用は、文政二年（一八一九）当時の浦賀奉行内藤正弘が浦賀の商人（水揚商人）に対して、海防担当者に与える米・味噌・薪・蠟燭などの立替えを命じたことにはじまる。

大久保の計画によると、一日の配給回数は、与力・同心・足軽・与力小者に対して昼のみの勤番なら一度、泊まり・不寝番なら二度、御備船船頭・水主やそれ以外の役水主、人足・村役人に対して三度とある。大久保は将軍上洛に関わる実務担当者たちへの食料・燃料の配給を計画しているわけだが、ここでもやはり海防の拠点であった浦賀ならではの既存の仕組みの転用を確認することができる。

将軍徳川家茂の浦賀来航への準備は、海軍に関する技能・知識を有した人材を活用し、既存の海防の仕組みを転用することで進められた。しかし、前述のように生麦事件への対応としてイギリス艦隊が横浜沖に集結し、幕府に軍事的圧力をかけるという事件が起きたため、海路による将軍上洛は中止となってしまった。将軍家茂の浦賀来航の実現には、今しばらく時を待たなければならなかった。

将軍来航の実現

将軍家茂の浦賀来航が実現したのは、文久三年（一八六三）暮れのことである。同年十二月二十一日、浦賀奉行大久保は、家茂の第二次上洛に際し、浦賀に来航する可能性があることを三方問屋に伝え、実際に来航した場合は以下の点を心得ておくよう命じている（『新横須賀市史』資料編近世Ⅰ）。

①出火や不審なことが起こらないよう村役人たちは見廻りをする。商売は平常通り行う。
②将軍が上陸した場合、村役人は地域住民や通行人を制止する。
③江戸から浦賀に来る船や湊内に停泊中の廻船・漁船・小船などは出入りを差し止める

が、様子次第では出入りを許可する。
④将軍の召し船（上陸のため軍艦から乗り換える小船）が入港する場合、湊内に向いている店の入口は開けておき（格子戸は外す）、二階・土蔵・物置の窓などは閉め切っておく。
⑤湊内の塵芥類は取り払っておく。
⑥旅人や見知らぬ者はもちろん、身元不明の者は宿泊させない。
⑦将軍が浦賀市中を通行する場合は、男は土間、女は床・土間におり、指物・半天・前たれなどは用いない。
⑧坊主・山伏・瞽女（ごぜ）などは表に出てはならない。
⑨鐘などは撞いても構わない。

ここから将軍来航までの七日間、浦賀の人びとは将軍上陸用の大伝馬船二艘、曳船用の漁船五艘、絨毯・屏風・火鉢・煙草盆・燭台を用意し、湊内に停泊している廻船・小船を湊奥に引き込んで蒸気船が寄港するための区域を確保し、座礁防止用の浮竹を海上に立てるなど、大急ぎで準備を進めていった。そうした甲斐あって、ようやく将軍艦隊を迎え入れる体制が整ったのである。

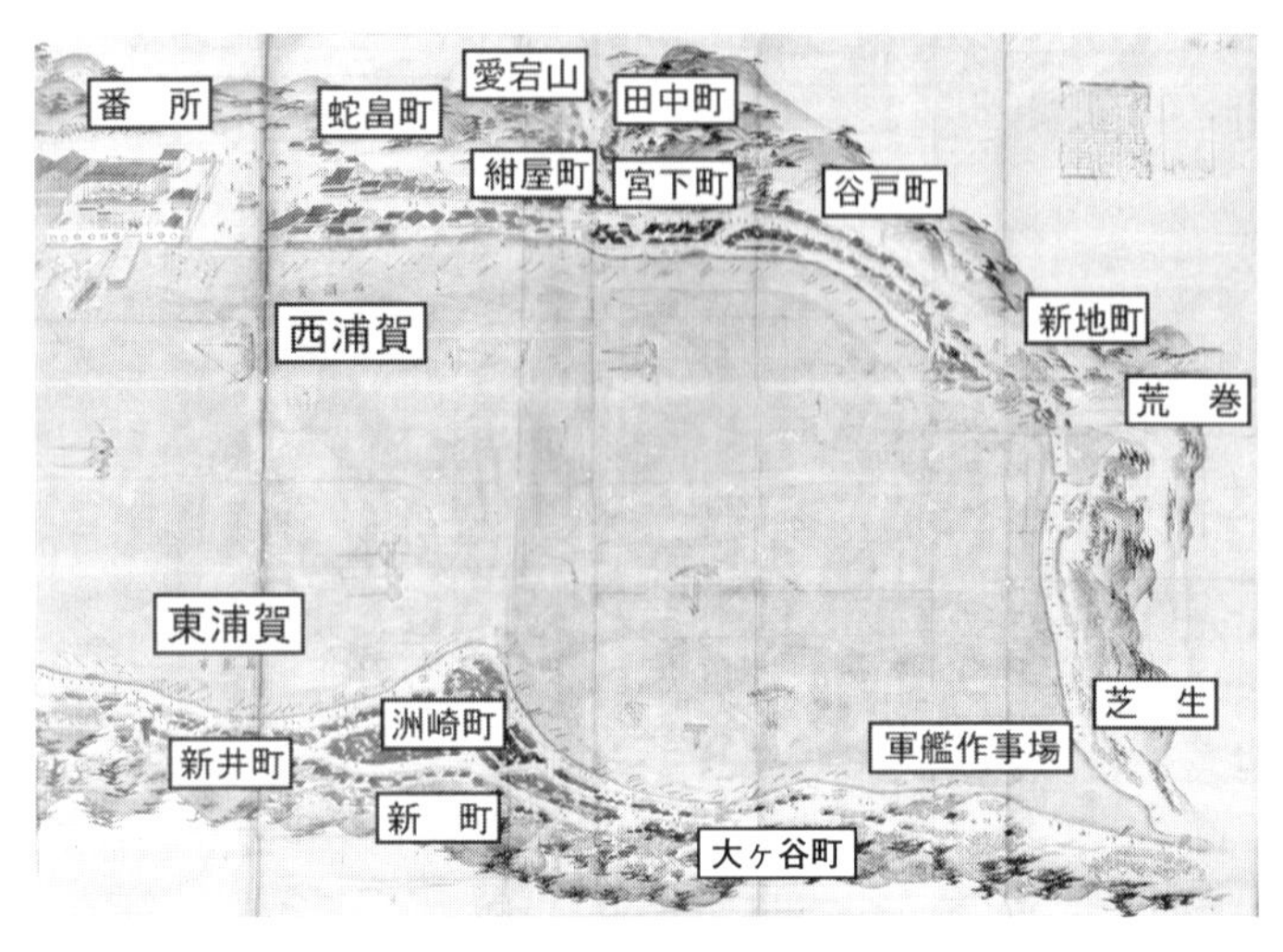

図16　江戸時代後期の浦賀（「浦賀湊蕃船漂着図」国立公文書館所蔵）

二十八日午前八時頃、将軍徳川家茂乗艦の「翔鶴」をはじめ、「順動」「長崎」、さらには福岡藩の「大鵬」、松江藩の「八雲」が次々と浦賀に来航してきた。

東浦賀村役人を務めた石井家伝来の文書群には、「御上洛諸控」「鯐(すばしり)諸控」と題する記録があり、家茂来航時の浦賀の様子を確認することができる。

それらの記録によると、家茂は「翔鶴」から召し船の長津呂(ながつろ)丸に乗り換え、浦賀番所前から上陸している。そこから目と鼻の先の浦賀役所に移り、昼食を済ませたあと、西浦賀村の館浦台場で大砲の実弾射撃を上覧している。館浦台場は第一次上洛時には存在していなかったが、

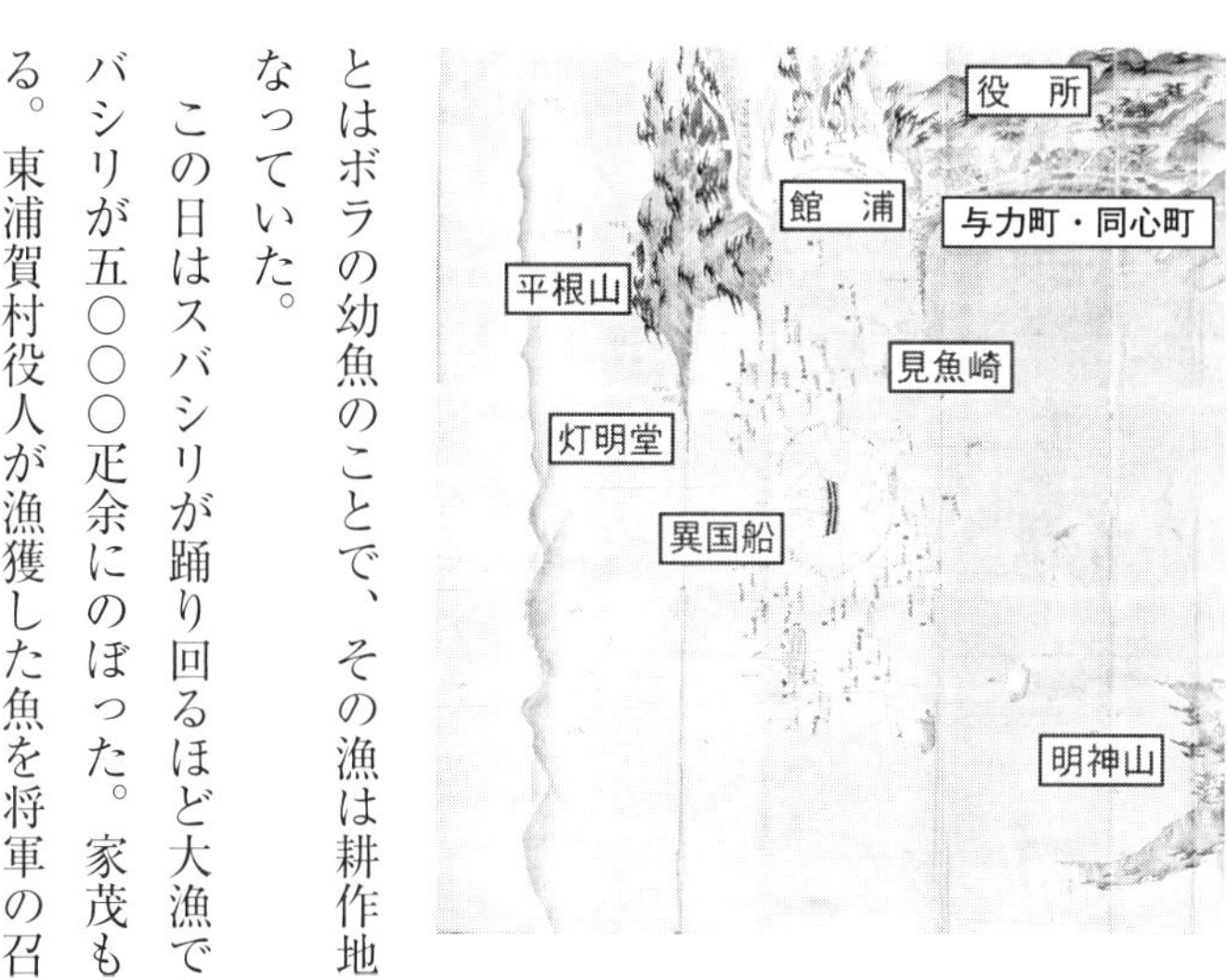

同年六月までの間に建造され、カノン砲やハンドモルチール砲などが配備され（『三浦半島城郭史』）、軍港の防衛機能が強化されていった。ついで浦賀市中を廻り、湊奥の軍艦作事場を視察している。将軍の浦賀来航は軍事視察を兼ねたものであった。

さらに東浦賀村の明神山に登り、長津呂丸で西浦賀村蛇畠（じゃばたけ）町に移動すると、そこでスバシリ漁を上覧した。スバシリとはボラの幼魚のことで、その漁は耕作地の少ない東浦賀村における貴重な生業の一つとなっていた。

この日はスバシリが踊り回るほど大漁であり、漁獲量はタイ一疋、スズキ・セイゴ・スバシリが五〇〇〇疋余にのぼった。家茂もみずから網を持ってスバシリをすくい獲っている。東浦賀村役人が漁獲した魚を将軍の召し船に献上したところ、東浦賀村役人や船の供方・水主たちに対して魚が下賜された。また別に大セイゴを献上したところ、家茂はたいへん満足し、調理を命じて金二〇〇疋を下賜している。

日が暮れると浦賀奉行は番所に詰め、与力・同心に長津呂丸周辺を警衛させ、三方問屋に湊内を見廻らせた。

翌午前八時頃、家茂が長津呂丸で「翔鶴」に向かうと、浦賀奉行は湾口突端にある灯明堂の沖まで見送った。将軍艦隊は食料・水・石炭などの諸物資を積み込み、浦賀の地をあとにした。

将軍艦隊の出港を見届けた浦賀奉行は、スバシリが大漁で将軍が満足したとの理由で東西浦賀村役人たちを番所前に呼び出し、特別手当として金一五両を与えた。また、館浦台場での実弾射撃も上首尾であったため、与力・同心に時服二領を下賜するとの旨を申渡した。

この時の浦賀奉行所・東西浦賀村の対応をみると、やはり第一次上洛時の計画と大枠で同様の体制がとられている。十二月二十八日には焚出御用の実施が通達されているし、下田問屋は「翔鶴」の曳船に乗り組み、廻船や押送船などを動員して将軍艦隊に水などを供給している。また御備場付足軽は海上を哨戒する沖番船や海辺見張出張、台場・遠見番所の警衛などを勤めている。

近世湊町として発展した浦賀は、海防問題を通じて台場の建造、御備場付足軽、御備船船頭・水主が組織されるなど、江戸湾防衛のための軍事拠点化が進められていた。さらに長崎海軍伝習を通じて、浦賀奉行所役人の中から幕府海軍を支える人材が輩出したが、彼らの一部は地域行政を担う与力・同心として浦賀の地に止まっていた。また蒸気船の普及に応じて湊奥に軍艦作事場が置かれるなど、艦船の補給・修復、防衛を担う軍港としての機能が新たに加わっていった。そうした基盤があったからこそ、将軍艦隊の浦賀来航は実現したのである。

将軍の帰還

将軍艦隊がふたたび浦賀に来航したのは上洛の帰路であった。浦賀では京都の老中から将軍帰還の報を受け、前回来航時の先例に従って準備が進められた。

五月十八日午後八時頃、まず姿を現したのは福岡藩の「大鵬」である。与力・同心は警衛船で「大鵬」まで出張し、将軍艦隊が十六日に大坂を出船したこと、このあと他の艦船が来航する予定であることを確認した。東西浦賀村では焚出し、人足・漁船・網などを手配し、今後の来航に備えた。はたして十九日午前二時頃に「長崎」、午前六時頃に「鯉魚門」、そして午前八時頃に将軍乗艦の「翔鶴」が次々と来航してきた。

家茂は前回同様、長津呂丸に乗り換えて網漁を上覧し、番所前から上陸、役所で昼食を済ませて午後二時頃に平根山に登ったあと、番所に戻って長津呂丸に乗船して、ふたたび網漁を上覧した。この日は大スズキ三〇疋余、鯛などが獲れ、家茂の御意に叶った。ここで家茂は前回使用した網を受け取るとみずからすくい、もう一度適当な場所で網漁を行うように命じた。そこで東浦賀村新井町下で網漁を行ったところ、大スズキ四〇疋余や鯛などが獲れ、家茂や側衆も漁を楽しんだ。また東浦賀村役人たちが来航前から魚屋に手配させていた活魚（タイ・エビ・タコなど）も上覧した。ふたたび番所前から上陸した家茂は、今日も大漁で満足だとして、手当金一五両を下賜する旨を東浦賀村役人に伝えた。浦賀で過ごしたひとときは、激動の京都政局で疲弊した若き将軍の心をさぞかし潤したことだろう。

翌二十日午前四時頃、浦賀の人びとが見送るなか、将軍艦隊は江戸に向けて出船していった。機嫌良く江戸に帰還した家茂であったが、彼がふたたび浦賀の地を訪れることはなかった。

将軍像の形成と海軍

久住真也氏は、幕末期に将軍の性質・イメージが大きく転換したことを指摘している。すなわち江戸城で政務をとる「見えない将軍」から「国事の将軍」「見える将軍」「見せる将軍」「攘夷を指揮する将軍」への転換であるが、そうした新しい将軍像を天下に示したのが将軍上洛という政治的な「演出」であったという（『幕末の将軍』）。

それでは、庶民が見た新しい将軍像とは、一体どのようなものだったのだろうか。久里浜村名主家で浦賀の村宿でもあった長島家に残る文久三年の「御用日記」には、第二次上洛の途次、家茂が浦賀に来航した時の様子が記されている。少し長文になるが、興味深い史料なので、以下その内容を示しておきたい。

文久三年（一八六三）癸亥歳冬極月二十八日　公方（将軍徳川家茂）様御上洛遊ばせらるるに付き、蒸気御軍艦六艘、同日四つ時頃（午前十時頃）浦賀え御入港、即刻鮮魚網御上覧遊ばされ候処、殊の外沢山御魚これ有り、鮮鯛二尾入網、御喜悦浅からず、漁師共え当座御褒美として金拾五両下し置かれ、右網引き付け候節、上様御手づから一たま御汲み遊さる、酒井雅楽頭（老中忠績）様にも御同様の次第、御供には川越（政事総裁職松平直克）様、出羽（寺社奉行水野忠誠）様・尾州（前尾張藩主徳川慶勝（よしかつ）様、其の外御大名様方、御老中・御若年寄様方、其の外御旗本様方、二百有余の御人数にて、直ぐ御番所より御上陸遊ばされ候て、東西浦賀御順見遊ばされ、撞鐘堂などえ御登り、房総御眺望、夫（そ）れより御役所において御休み、御昼飯相済み、屋形浦（館浦）御台場において大砲御上覧、都（すべ）て御通行筋往来人・町人共、家々にて下座いたし候、品を揚げ尊体拝見苦しからず候（そうろう）趣（おもむき）、御先供より仰せ渡され、皆々有り難く拝姿仕（つかまつ）り候なり、筆記も恐れ多く候えども、当暮御年齢十八歳にて在らせられ、御容体大丈夫にて御勇極抜群、御威光・御徳沢の程有り難し、行く末御治世万々歳疑い無し、諸人安堵の思いに住し、万民太平を祝い、御囲人夫方も翌二十九日午時（午後十二時頃）より引き払い仰せ出だされ、同日五つ時頃（午後八時頃）残らず御出帆遊ばされ、豆州下田港において御超歳遊ばされ、明け行く春の初旭とともに御上船遊ばされ候段、実に有り難き御代の春、波風の海原に九重の雲、弥（いよい）よ高き都の空に目出たき春の御寿行く無くかわらぬ御代そかし

　文久三年癸亥十二月二十九日

この記述によると、将軍家茂以下、老中・若年寄など幕政を担う重臣たち二百有余人が上陸し、東西浦賀村を視察、網漁（スバシリ漁）を上覧したとある。その内容は前述の

「御上洛諸控」「鮭諸控」とおおよそ一致する。

東西浦賀村の通行人や住民は家々で下座していたが、将軍の「尊体」を見ても良いとの通達があったので、皆有り難く将軍の姿を拝見したという。「御用日記」を記した当時の長島家当主忠左衛門もその一人で、「筆記も恐れ多い」としつつ、家茂の容姿を「大丈夫」「御勇極抜群」と形容し、そこに「御威光・御徳沢」を感じ取っており、それゆえに「行く末御治世万々歳疑い無し」と平和の継続を楽観視している。

「諸人安堵の思いに住し、万民太平を祝い」といった記述からは、自身の将軍の捉え方が広く世間に共有されたものだという忠左衛門の認識を読み取ることができよう。実際に多くの住民や通行人が将軍を拝見しているし、生業であるスバシリ漁をともに行っていることを踏まえれば、忠左衛門が捉えた将軍像は浦賀住民にある程度共有されたものであったと考えてよいだろう。

水先案内人として下田まで将軍艦隊に随行した忠左衛門は、一夜を明かして下田を出船する家茂の姿を「明け行く春の初旭とともに」蒸気船に乗艦し、「波風の海原」を進んでいくものとして描写している。「国事の将軍」は「海軍を率いる将軍」でもあった。

蒸気船の導入と幕府海軍の創設は、江戸と京都の移動時間を短縮しただけではなく、将軍像を転換させる装置としても機能していたのである。

諸藩海軍の勃興

幕府海軍創設の流れに沿って、一部の諸藩においても海軍が創設されていった。

諸藩海軍の解明

幕府は大船建造を解禁して諸藩に洋式艦船の建造を指示しており、長崎海軍伝習所と築地軍艦操練所への諸藩士の入門も許可し、さらには参勤交代を緩和して国元での文武強化、海軍の増強を促すなど、諸藩との軍事協力の姿勢は一貫している。四方を海に囲まれた日本の防衛は海軍の存在なしではあり得なかったが、幕府独力での全国海軍の組織化は、財政面、人材面、軍備面などを考慮すれば不可能であることは明らかであった。

二〇一五年、八県一一市の歴史的建造物や遺跡が「明治日本の産業革命遺産　製鉄・製鋼、造船、石炭産業」としてユネスコの世界遺産リストに登録されたが、そのなかには恵美須ヶ鼻造船所跡（山口県萩市）、三重津海軍所跡（佐賀県佐賀市）、集成館（鹿児島県鹿児島市）、小菅造船所跡（長崎県長崎市）など、幕末期の造船・修船を支えた諸藩の施設が含まれており、各遺産の調査・研究が深められ、新たな歴史的事実が明らかになってきている。

諸藩海軍の創設が明治期の富国強兵・殖産興業を推し進める基盤になったことは勿論であるが、幕末期段階においてもヒトやモノの海上輸送を活発化させ、政治・社会のあり様を大きく変える起爆剤になっていたのではないだろうか。

佐賀藩海軍と三重津

佐賀藩は寛永十八年（一六四一）以来、福岡藩とともに交代勤番制で長崎警衛を担当しており、早くから軍事技術の研究が盛んであった。とりわけ一〇代藩主鍋島閑叟（斉正、直正）は「蘭癖」と呼ばれるほど西洋の学術に深い関心を寄せていた。天保十五年（一八四四）、日本に開国を勧告するオランダ国王ウィレムⅡ世の親書を携えた帆船「パレンバン」が長崎に来航した際には、閑叟みずから乗艦し、西洋軍事技術に関する情報を収集したほどである。

嘉永六年（一八五三）九月に大船建造が解禁されると、翌安政元年十二月、閑叟は家臣に蒸気船製造を命じ、三重津船屋脇に蒸気船の製造場を設置した。長崎海軍伝習開始前にはオランダ軍艦の「スンビン」(のちの「観光」)や「ゲデー」にみずから乗り込み、蒸気船や海軍に関する情報を聞き出している。佐賀藩は長崎海軍伝習に際して諸藩の中で最も多くの伝習生を派遣しているが、それは閑叟の洋学への好奇心を反映したものといえよう。長崎海軍伝習に参加した佐賀藩士には、のちに海軍中将となる中牟田倉之助(なかむたくらのすけ)、日本赤十字社の創立者となる佐野常民(さのつねたみ)のほか、「からくり儀右衛門」と称された発明家の田中久重も名を連ねた。

安政四年(一八五七)、佐賀藩は長崎でオランダから「飛雲」(スクーナー)を購入し、さらに海軍取調方という海軍や伝習に関わる役職を新設した。翌安政五年には早津江川河口付近の三重津(佐賀県佐賀市)に船手稽古所(三重津海軍所の前身)を設置し、「飛雲」を運用して伊王島(長崎県長崎市)・神崎沖(同松浦市)までの航海を行っている。また、オランダ人を雇って長崎で「晨風(しんぷう)」(コルベット)を建造したが、海軍を拡張するためには蒸気船が不可欠であったため、オランダから「電流」(蒸気船)を購入した。安政六年、長崎海軍伝習所が閉鎖されると「飛雲」「晨風」「電流」三艘を長崎から三重津に移して同所船屋の西一角に海軍の調練場を設け、伝習経験者を中心に海軍の諸科や蘭学の研究にあたらせた。船屋を拡張して三重津海軍所としたのである。かくして三重津は佐賀藩海軍の拠点として整備されていくことになり、文久元年（一八六一）秋までにはドライドックが設置され、文久二年には幕府の小形蒸気船「千代田形」のボイラー製造（鉄板への鉄鋲打ち）や「電流」のキール銅板張替、文久三年には小形蒸気船「凌風（りょうふう）」の建造が開始されている（前田達男「幕末佐賀藩三重津海軍所跡の概要」『幕末佐賀藩の科学技術』下）。

鍋島閑叟の蒸気船利用

佐賀藩海軍の整備が進むと、閑叟は上洛や参勤交代などの長距離移動に蒸気船を利用するようになる（『佐賀藩海軍史』）。

万延元年（一八六〇）閏三月二十二日、参勤交代の期限を終えた閑叟は兵庫から「電流」（船奉行浜野源六、海軍方一四人乗艦）に乗り込み、二十五日に大里（福岡県北九州市）へ移動し、そこから陸路で佐賀に帰着している。前述の通り幕府が洋式艦船による参勤・帰邑を許可したのが文久二年（一八六二）七月四日なので、特例的に洋式艦船の利用が認められていたことになる。長崎警衛を担い、長崎海軍伝習に多数の伝習生を派遣していた佐賀藩の実績が考慮されたのだろうか。

文久元年四月九日には伊万里（佐賀県伊万里市）から尾張国名古屋（愛知県名古屋市）までの航海を行っている。十一月に隠居して嫡子茂実（もちざね）が藩主となったが、その後も海軍取調方の庶務を担当するなど、閑叟は佐賀藩海軍の運営に関与し続けた。

同二年の上洛時にも「電流」に乗艦して十一月十七日に大里を発し、二十二日に大坂へと至っている。京都に着いた閑叟は、攘夷決行を幕府に周旋せよとの勅命を受けて江戸に向かい、将軍徳川家茂に叡旨を伝えて京都に戻り、文久三年三月一日から三日の間に「電流」「観光」(幕府より借用)で大坂・大里間を移動して佐賀へと帰着している。元治元年(一八六四)十月に上洛した際にも長崎で購入したばかりの蒸気船「甲子」(イギリス製)を利用しているし、帰路十月二十七日から十一月一日の間も、乗艦の船名は不明ながら、海路で佐賀に向かっている。

早くから洋式海軍の有用性を認識していた閑叟は、佐賀藩海軍の創設・整備に尽力し、佐賀・京都間の移動に蒸気船を積極的に利用していたわけである。海軍を創設・整備したことによって移動時間を短縮できるようになり、それは移動に要する経費の節減につながっていったと考えられる。長距離輸送は海軍が担うべき重要な役割の一つであった。

閑叟ほど蒸気船に乗艦した大名はいないだろう。海軍を率いて波濤を進む大名の姿は、将軍徳川家茂とともに人びとの目に新鮮なものとして映ったに違いない。

長州藩海軍の黎明

　ペリー来航以降、江戸湾警衛を担当するようになった長州藩は、前述の通り藩士桂小五郎を浦賀に派遣するなど軍事情報を蓄積していた。安政二年（一八五五）には西洋学所を開設して西洋学術の研究を本格化させ、長崎海軍伝習が始まると藩士を派遣して人材の育成に努めた。また安政四年には三田尻（山口県防府市）の船大工棟梁尾崎小右衛門らに命じて小畑浦の恵美須ケ鼻（山口県萩市）で洋式帆船「丙辰（へいしん）」（木造スクーナー）を建造し、軍備の西洋化を進めていった。

図17　「丙辰」（「丙辰丸製造沙汰控」山口県文書館蔵）

　長崎海軍伝習生が国元に戻ると、彼らを中心に軍制改革が進展していく。その中の一人が松島剛蔵（まつしまごうぞう）である。長崎海軍伝習を経験した松島は西洋学所師範役となり、洋式海軍振興の必要性を説いた。長州藩は万延元年（一八六〇）に「丙辰」による江戸への遠洋航海を認め、松島を艦長に任命している。この航海には多くの長崎海軍伝習生が参加したが、なかには伝習未経験の高杉晋作の姿もあった。

四月十三日に萩沖を発った「丙辰」は、六月四日、無事江戸湾に到着した。高杉はそのまま築地軍艦操練所に入門するつもりであったが、航海中に翻意している。その理由は判然としないが、洋式帆船による航海を初めて経験したことで、海軍士官としての自身の適性に疑問を持ったと考えるのが妥当であろう（海原徹『高杉晋作』）。

下関砲撃事件と海軍力

文久三年（一八六三）五月十日、破約攘夷を実行するべく長州藩は下関沖でアメリカ商船「ペンブローグ」に対して砲撃を加えたが、その先制攻撃を担ったのは海軍教授方松島剛蔵率いる「庚申（こうしん）」であった。「庚申」は長州藩が万延元年（一八六〇）に恵美須ケ鼻で建造した洋式帆船（木造スクーナー）である。下関沖に停泊していた「ペンブローグ」に対し、「庚申」が砲撃を開始したのは午前一時頃のことで、しばらくすると「癸亥（きがい）」が「庚申」近くに停泊して砲撃に加わった。「癸亥」は文久三年正月に長州藩が購入したイギリス製の洋式帆船（木造フリゲート）である。砲火にさらされた「ペンブローグ」であったが、幸いにも闇夜であったため打ち沈められることはなく、豊後水道へと退避した。

長州藩は続いて五月二十三日、下関海峡に投錨したフランス軍艦「キャンシャン」に対して陸上の砲台、海上の「癸亥」と「庚申」で砲撃を加えた。「キャンシャン」は三十分かけて転回し、「癸亥」と「庚申」に砲撃を浴びせながら最大速度で長崎方面へと退避した。長州藩は二十分間で約八〇発の砲撃を加え、うち九、一〇発を船体に命中させ、マストや外板、備え付けの大型ボートなどを損傷させ、沈没寸前の状態にまで追い込んだ。

長崎で「キャンシャン」から砲撃の知らせを受けたオランダ蒸気軍艦「メデューサ」（大砲一六門配備）は、日本と通商関係にあるオランダ船を砲撃することはあり得ないと考え、五月二十六日、下関海峡に入ったが、彦島付近（山口県下関市）で砲台からの攻撃を受けて一四発被弾し、死者四名、負傷者五名という被害をこうむった。

こうした状況を受け、各国艦船は反撃を開始する。まず六月一日、艦長マクドゥガル率いるアメリカ蒸気軍艦「ワイオミング」が豊後水道方面から下関海峡に入った。沿岸の砲台から砲撃が開始されたが、「ワイオミング」は主水路を回避することで被害を最小限に止め、砲撃を温存して「庚申」「癸亥」、さらには文久二年九月に長州藩が購入していた蒸気船「壬戌（じんじゅつ）」（イギリス製）へと迫った。まずは長州藩の海軍力を取り除こうとしたのである。「ワイオミング」と長州藩三艦は激しい砲撃戦を展開したが、やがて「ワイオミング」が撃ち込んだ一一インチ榴弾によって「壬戌」のボイラーが吹き飛び、火傷や窒息によって同艦乗組員四〇名が死亡した（『山口県史』史料編、幕末維新七）。また「庚申」が撃沈、「癸亥」が大破したため、長州藩の海軍力は著しく低下することになった。さらに同月五日、フランス海軍のB・ジョレス提督が率いる蒸気軍艦「セミラミス」が「タンクレード」を伴って下関沖に来航し、砲台を破壊した。

長州藩が実行した攘夷戦争は海軍力を活用したものであったが、諸外国の海軍力の前に軍艦・砲台を破壊される結果になった。諸外国との海軍力の差を実体験に基づいて明確に認識した長州藩は、軍備の再強化を進めていくことになる。

文久三年十一月、長州藩は三田尻の船倉を拡張して海軍局を置き、松島を惣督、さらに翌元治元年（一八六四）四月十九日には海軍局頭取に任命し、「海軍修行」の規則を定めている。同月二十六日には藩主毛利慶親（もうりよしちか）みずから三田尻を訪れ、修復された「癸亥」「庚申」などの艦船を視察している。

そうした中、急進派が禁門の変で敗れ、幕府が諸藩に長州出兵を命じると、幕府への恭順を図る保守派（いわゆる俗論派）が藩内で台頭し、松島は野山獄に投獄され、同年十二月十九日に処刑された。長州藩海軍は高杉晋作の手によって幕長戦争で実戦投入されることになるのであるが、高杉が海軍を統率するに至るには功山寺での挙兵を待たなければならなかった。

薩摩藩の蒸気船

藩主島津斉彬（しまづなりあきら）のもと、小形蒸気船「雲行」を建造し、洋式帆船「昌平」（「昇平」）を建造するなど、薩摩藩は洋式艦船の有効性にいち早く気づいた藩の一つであった。

長崎海軍伝習が始まると薩摩藩も多くの藩士を派遣したが、その中の一人に五代友厚（ごだいともあつ）（才助）がいた。五代は幼少の頃より学問の才を発揮し、安政元年（一八五四）には藩の郡方書役を務めていた。同四年二月に長崎海軍伝習参加を認められ、航海術・測量術・砲術・蘭学・数学などを学ぶ機会に恵まれた。同五年七月十六日に藩主斉彬が死去したため、十月には薩摩に戻ることになったが、五代が長崎で得た知識・技能、そして人脈は、薩摩藩が蒸気船を購入する際に役立てられていった。

万延元年（一八六〇）十一月、薩摩藩は軍制改革の一環として、蒸気船「イングランド」（イギリス製）を長崎で購入しているが、長崎海軍伝習生であった薩摩藩士川南清兵衛とともに同艦の購入を担当したのが五代であった。

「イングランド」は万延二年正月十六日午前十時頃に長崎を発ち、翌十七日午前五時頃、無事鹿児島に着船した。十八日には藩主島津忠義が早速同艦を見分しており、蒸気船に寄せる薩摩藩の期待の高さが窺い知れる。幕府の要請で一旦江戸・神奈川まで航海した「イングランド」は、同年四月十二日の薩摩帰着時に「天佑」と命名された。

文久期に入ると薩摩藩は「永平」「白鳳」「青鷹（せいよう）」「安行」など、次々と蒸気船を購入する。将軍上洛による政局の変転に対応するため、長距離輸送、軍備増強を実現する手段として蒸気船の需要が高まった結果であろう。藩父久光は文久三年三月四日、「白鳳」に乗艦して上洛を果たしている。

薩英戦争

薩摩藩における海軍力の増強は順風満帆に進んでいくかに思えたが、文久三年（一八六三）は大きな困難に直面することになった。同年七月に薩英戦争が起こったのである。

この戦争の発端は、前年八月二十一日に起こった生麦事件にさかのぼる。江戸で幕政改革を建言した島津久光の一行が勅使大原重徳を伴い京都に向かう途次のこと。武蔵国生麦村（神奈川県横浜市）で、イギリス人商人リチャードソンら四名の外国人が、下馬の礼をとらずに久光の行列を横切ろうとした。そのため薩摩藩士が斬りかかり、リチャードソンは死亡し、同行者も怪我を負った。イギリス側は犯人処罰と賠償金二万五〇〇〇ポンドの支払いを要求したが、薩摩藩は応じなかった。そこで文久三年六月二十七日、イギリス海軍の軍艦七艘を鹿児島沖に展開して薩摩藩に要望書を突きつけたが、交渉は決裂し、薩英戦争が始まるのである。

同年七月二日、「天佑」「白鳳」「青鷹」の三艦はイギリス艦隊に早々に拿捕、焼却され、乗艦していた五代友厚・松木弘安（まつきこうあん）（寺島宗則）らは捕虜となってしまった。四日から七日にかけてイギリス艦隊が段階的に退去するまでの間、鹿児島の市街は砲火に曝され、多くの家屋が灰燼に帰し、軍事・産業の拠点であった集成館も壊滅的な打撃を受けた。一方、イギリス艦隊も旗艦「ユーリアラス」が被弾し、艦長ジョスリング大佐、副艦長ウィルモット中佐が死亡するなど、最終的に死者一三人、負傷者六五人の痛手を負った。

結局、同年十一月、薩摩藩とイギリスとの間で賠償金二万五〇〇〇ドル（ポンド）の支払いと犯人処罰を条件とする和議が結ばれ、生麦事件に始まる一連の対立は終結した。犯人は処罰されなかったが、以後、薩摩藩が蒸気船購入をイギリスに依頼するなど、両者の関係は緊密化していくことになった。

「長崎」砲撃事件

薩摩藩が直面したもう一つの困難が「長崎」砲撃事件である。薩英戦争で蒸気船を失った薩摩藩は、幕府から「長崎」を借用して産物の長距離輸送に利用しようと計画した。「長崎」は文久三年（一八六三）二月に幕府が長崎で購入したイギリス製蒸気船で、長崎製鉄所御用船として運用されていた。

　同年十二月二十二日、薩摩藩に貸し出された「長崎」は兵庫で繰綿（くりわた）などを積み込み、船体の修復を行うため長崎に向かった。二十四日夜、下関近海に差し掛かると、「長崎」は長州藩との事前の取り決めに従って中檣に紋付きの提灯を掲げた。「長崎」が外国船と誤認されることを防ぐためである。下関砲撃事件の余韻が残る中、攘夷を実行した長州藩の領海を航行するには細心の注意を払わなければならなかった。

　ところが、田野浦（たのうら）沖（福岡県北九州市）を通過した頃、沿岸の長州藩の台場から突如として砲撃が開始された。「長崎」は小倉藩領の白野江（しらのえ）村沖（同）に退避したが、蒸気釜から出火して船底の繰綿に引火、火の手が強まり船体は無惨にも焼失してしまった。乗組員六八人のうち死者・行方不明者は二八人余とも四〇人余ともされる（『薩藩海軍史』中）。

　長州藩はなぜ砲撃に及んだのだろうか。同年八月十八日の政変で長州藩の急進的尊王攘夷派が京都から一掃されたことに対する報復とも考えられるが、事件後の長州藩の釈明によると、「長崎」を外国船と誤認したということであった。

薩摩藩海軍誕生と小松帯刀

薩英戦争・「長崎」砲撃事件といった困難に直面しつつも、薩摩藩は元治元年（一八六四）に「平運」「胡蝶」「翔鳳」「乾行（けんこう）」「豊瑞（ほうずい）」、慶応元年（一八六五）には「龍田」「開聞（かいもん）」「万年」「三邦」「桜島」と蒸気船を立て続けに購入している。その資金源は琉球の砂糖を大坂で販売し、諸国の物産を買い入れ、それを長崎で売却することで調達したものであった。琉球を抱える薩摩藩だからこそ、豊富な購入資金を調達できたのである。

蒸気船が充実すると、次に問題となるのは人材の育成と艦船のメンテナンスである。薩摩藩では慶応元年六月、開成所を開設し、洋学をはじめ海陸軍に関する知識・技能も合わせて教授するようになったが、人材の育成は容易に進まなかったようである。薩摩藩士黒田清隆は同年九月付の海軍修業奨励の建言の中で「薩摩藩において運用・航海・測量・機関の学に熟達している者は一艘分の人数もいない」とし、その背景について「世間一般では海軍を卑劣の者だと思い込み、いまだに海軍の修業をひたすらに行う者がいない」と述べている（『薩藩海軍史』中）。

こうした課題を抱える薩摩藩海軍の整備を担うことになったのは、家老小松帯刀（こまつたてわき）である。慶応二年四月、海軍掛兼集成館・開成所・他国修行等掛に就任した小松は藩主忠義に働きかけ、同年五月、軍制改革を断行した。このとき独立の部局として海軍方が設置され、その活動拠点として島津元丸屋敷跡に海軍所が建設された。ここに至り、薩摩藩において海軍を専門に担う部局が設置され、薩摩藩海軍が名実ともに誕生した。

図18　小菅修船場（長崎歴史文化博物館所蔵）

艦船のメンテナンスについては、薩英戦争で荒廃した集成館を再興し、機械工場を整備して職人を長崎から呼び寄せる一方、五代友厚やイギリス商人T・グラバーを中心に長崎の小菅（こすげ）（長崎県長崎市）に修復場を新設する計画を進めている。この小菅修船場の建設は慶応三年に始まり、明治元年（一八六八）に完了した。レール上の船台に船を乗せ、ボイラー型蒸気機関の力で船台を引き揚げるというスリップドックを用いた施設である。船台が算盤のように見えたことから「ソロバンドック」とも呼ばれた。小菅修船場は明治二十年に明治政府から三菱（現三菱重工業株式会社長崎造船所）に払い下げられ、昭和二十八年（一九五三）に閉鎖されるまで利用されることになった。

蒸気船の普及と軍港の形成

蒸気船を買う

幕府・諸藩の洋式艦船

幕府や諸藩はどのような洋式艦船をどのくらい保有していたのだろうか。海軍関係史の忘却・喪失を懸念した海軍次官樺山資紀からの依頼を受けた勝海舟が永持明徳・中台信太郎・長田清蔵・浜口英幹（興右衛門）たち関係者から史料を収集するなどして編さんしたものが『海軍歴史』である。「海軍創立の起因」「海軍伝習之上中下」「長崎製鉄所」「咸臨艦米国渡航之上中下」「小笠原島開拓之上中下」「軍制改正之上中下」「沿海測量」「神戸海軍操練所」「仏国教師海軍伝習」「英国教師海軍伝習」「横浜及横須賀製鉄所創設之上中下」「船譜」「費額及雑項之上下」が立項され、幕府海軍の草創から大政奉還に至るまでを対象とし、明治二十一年（一八八八）に和綴本の原稿が完成、その翌年に印刷・頒布された。海舟自身が幕府海軍の活動に深く関与していたことから、海軍創設史であるとともに勝海舟の自叙伝としての性格をもち、原文史料以外にも解説や海舟自身の意見が補足されている。

『海軍歴史』所収の「船譜」は、慶応四年（一八六八）に作成された塚本桓輔の手録をもとに幕府や諸藩が保有した洋式艦船の基礎的なデータを網羅したもので、洋式艦船の増減や船形の変化をたどることができる。

朴栄濬氏が指摘するように、「船譜」の情報は不完全なもので、いくつかの洋式艦船が脱漏しており、勝自身も「決して其の遺珠なきを保すること能はず、唯だ其の大概を知るに便す」（『海軍歴史』）と述べている。また、一九六九年にオランダのロッテルダムの海事博物館において、「咸臨」の幕末当時の概要を示した設計図が発見されたが、「船譜」の記載と比較すると、船体の寸法などに若干の差異が見受けられる（『船の科学館資料ガイド7　幕末の蒸気軍艦　咸臨丸』）。

「船譜」にはそのような問題点があり、扱いには注意を払わなければならないが、勝も述べているように幕府・諸藩が保有した艦船の変化について、その大まかな流れを摑むことはできる。また、慶応四年（一八六八）五月から十二月にかけて、新政府の軍務官が諸

表１　幕府・諸藩が購入した洋式艦船

艦船名	受取年月日	船形・船質	長(m)	幅(m)	深(m)	馬力	トン	国	受取地	価（ドル）
【幕府】										
観　光	安政２．８.	蒸外・―	53	9	7	150		蘭	長崎	贈呈
咸　臨	安政４．９．５	蒸内・―	50	7		100		蘭	長崎	10万
蟠　龍	安政５．７.	蒸内・―	42	6	4	60		英	江戸	贈呈
朝　陽	安政５．７.	蒸内・―	49	7		100		蘭	長崎	10万
鵬　翔	安政５.	バ・木	36	8			340	英	長崎	
千　秋	文久元．７.	バ・木	36	8			263	米	横浜	1.6万
健　順	文久元．９.	バ・木	36	8			378	米	箱館	2.2万
千　歳	文久２．（６）	バ・木	36	8			256	英	長崎	3.4万
順　動	文久２.10.13	蒸外・鉄	73	8	5	360	405	英	横浜	15万
昌　光	文久２.12.29	蒸内・鉄				50	81	英	横浜	4.25万
長崎１番	文久３．２.	蒸外・鉄				60	94	英	長崎	6.6万
協　隣	文久３．２.15	蒸外・木				90	361	米	長崎	13.5万
長　崎	文久３．２.	蒸外・木				60	138	英	長崎	4.8万
太平（鯉魚門）	文久３．２.18	蒸外・鉄	84			355	355	英	横浜	19.5万
長崎２番	文久３.10.13	蒸内・鉄	57	8	4	120	341	英	長崎	10万
エリシールラス	文久３.11.	蒸内・鉄				25	85	英	長崎	
翔　鶴	文久３.11.29	蒸外・木	60	7		350	350	米	横浜	14.5万
神　速	元治元．２．６	蒸内・木	39	5		45-90	250	米	箱館	4.75万
黒　龍	元治元．７.19	蒸内・木	52	8	6	100		米	江戸	12.5万
大　江	元治元．８.	蒸内・木	49	8	6	120		米	横浜	11万
富士山	慶応元．２.20	蒸内・―	36	10		350	1000	米	横浜	24万
美賀保	慶応元．６.	バ・木	53	10	8		800	普	長崎	3.5万
鶴　港	慶応元．８.20	バ・木	36	8	5			米	長崎	3.5万
回　天	慶応２．６.	蒸外・―	69	11		400	710	普	長崎	18万
龍　翔	慶応２．７．２	蒸内・鉄	28	5	2	35	66	英	長崎	3万
長　鯨	慶応２．８.12	蒸外・鉄	76	11	7	300	996	英	横浜	20万
奇　捷	慶応２．８.18	蒸内・鉄	67	9	5	150	517	英	横浜	10.05万
ケストル	慶応２．７.20	蒸内・木	37	6	2	40	161	英	長崎	6万
行　速	慶応２．８.	蒸外・木	49	8	2	250		米	長崎	7.5万
千　歳	慶応２．９.25	バ・木	42	8	4		323	英	長崎	3万
開　陽	慶応３．５.20	蒸内・―				400		蘭	横浜	40万
飛　龍	慶応３．６.29	蒸内・木	48	9		90		米	長崎	8万
カガノカミ	慶応４.	蒸内・―	55	9	4	280	530	米	江戸	11万

甲　鉄		蒸内・鉄	59	10	5	500	700	米		40万
【薩摩藩】										
天　祐	万延元. 11.	蒸内・鉄				100	746	英	長崎	12.8万
永　平	文久２．８.	蒸内・鉄				300	447	英	横浜	13万
白　鳳	文久３．３.	蒸内・鉄				120	532	米	長崎	9.5万
青　鷹	文久３．４.	蒸内・鉄				90	492	英	長崎	8.5万
安　行	文久３．９．３	蒸内・鉄	55	6		45	160	英	長崎	7.5万
平　運	元治元．１．９	蒸内・鉄	47	10		150	750	英	長崎	
胡　蝶	元治元．２．１	蒸外・鉄	43	8	4	150		英	長崎	7.5万
翔　鳳	元治元．４．８	蒸内・鉄					461	英	長崎	12万
乾　行	元治元．7. 23	蒸内・木					164	英	長崎	7.5万
豊　瑞	元治元. 10. 17	蒸内・鉄	62	7		150		英	長崎	
龍　田	慶応元．6. 12	バ・木	32	6			383	米	長崎	1.9万
開　聞	慶応元．7. 13	蒸内・鉄					684	英	長崎	9.5万
万　年	慶応元．9. 17	蒸内・鉄					270	英	長崎	7.5万
三　邦	慶応元. 10. 29	蒸内・鉄	54	7	2	110	410	英	長崎	8万
桜　島	慶応元. 10. 17	蒸内・鉄	46	6	3	70	205	英	長崎	6万
大　極	慶応２．3. 20	ス・木						英	長崎	1.2万
春　日	慶応３. 11.	蒸外・木	75	9	4	300	1015	英	長崎	
【土佐藩】										
南　海	文久３．４．８	蒸内・鉄	56	9		100	412	英	長崎	11.5万
蜻　蛉	慶応２. 11. 25	蒸内・鉄						英	長崎	
胡　蝶	慶応２. 12. 23	蒸外・鉄	43	8	4	150	146	英	長崎	7万
夕　顔	慶応３．2. 29	蒸内・鉄	62	8	5	150	600	英	長崎	15.5万
横　笛	慶応３．6. 10	ス・木	35	9	4		265	英	長崎	1.7万
羽　衣	慶応３．3. 18	ス・木	35	6	5		186	英	長崎	1.35万
南海船	慶応３．6. 25	蒸内・木	26	6	3	25	140	英	長崎	7.5万
乙　女	慶応３．７．１	バ・木	39	9	4		386	米	長崎	1.7万
空　蟬		蒸気・—	39	7		150	146			
箒　木		蒸気・—	24	6		30	60			
【長州藩】										
庚　申	万延元.	蒸内・鉄						英	横浜	
壬　戌	文久２．9. 27	蒸内・鉄				300	448	英	横浜	11.5万
癸　亥	文久３．1. 29	ブ・木				0	283	英	横浜	2万
乙　丑	慶応元. 10.	蒸内・木	10	7	3	70	300	英		
丙　寅	慶応２．５.	蒸内・鉄	37	5	2	30	94	英		5万
丁　卯		蒸内・—								11万

【久留米藩】										
雄　飛	元治元．2.	蒸内・鉄	46	6	5	60	250	英	長崎	7.5万
玄　鳥	慶応２．8．4	ス　・木	24	5	3		107	米	長崎	4700
晨風船	慶応２．9.12	蒸内・木	34	6	4	100	100	米	長崎	5.3万
翔　風	慶応２．9.28	ス　・木	30	7			140	英	長崎	7000
遼　鶴	慶応２．9.28	ス　・木	26	6	3		190	英	長崎	8000
神　雀	慶応２．9.	蒸内・鉄	14	2	2	8		英	長崎	6000
【佐賀藩】										
電　流	安政５.	蒸内・木	46	8	7	100		蘭	長崎	10万
甲　子	元治元．9．3	蒸内・鉄	69	8		240	500	英	長崎	12万
凌　風	慶応元.10.	蒸外・木				10		英		
皐　月	慶応２．5.28	蒸内・鉄	51	8		80	370	英	長崎	7万
孟　春	慶応４．1.	蒸内・木	40	7	3	140	259	英	長崎	10万
晨　風		コ　・木	22	6	4		50	蘭	長崎	
【熊本藩】										
万　里	元治元．9.	蒸内・木	73	9	5	120	600	仏	長崎	12.5万
凌　雲	慶応２．6.	蒸内・鉄	55	9	6	160	350	英	長崎	11万 ～10.9万
奮　迅	慶応２．7.15	蒸内・鉄	29	4	3	20	50	英	長崎	2.3万
泰　運	慶応３．4.15	バ　・木	42	8			487	英	長崎	2万
神　風	慶応３．6.15	バ　・木	46	7			365.1	英	長崎	3.5万
【加賀藩】										
錫懐（発機）	文久２.12.26	蒸内・鉄	49	7		75	241	英	横浜	10万
李百里	慶応元.10.	蒸内・鉄	62	9		110	500	英	長崎	11.2万
啓　明	慶応２．5.	ス　・木	33	7				英	長崎	1.2万
駿　明	慶応３．5．8	ス　・木	33	7	4		158	英	長崎	1万
【福岡藩】										
日　下	文久元．9.	バ　・木					448	米	長崎	3.3万
大　鵬	文久２．9.	蒸外・木	59	9	6	280	777	米	長崎	9.5万
環　瀛	慶応元．4.	蒸内・鉄	66	8	4	120	554	英	長崎	12.5万
蒼　隼	慶応３．3.	蒸外・鉄	40	8	3	90	205.2	英	長崎	4万
【広島藩】										
震　天	文久３．3．6	蒸内・鉄	46	6	3	80	181	英	横浜	8.9万
万　年	慶応２．5.	蒸内・鉄					270	英	長崎	
豊　安	慶応２．7.	蒸外・鉄	56	8	2	126	473	英	長崎	11万
達　観		バ　・木	33	9	36			蘭	長崎	

【福井藩】										
黒　龍	文久3．5.	蒸内・木	52	8	3	100		米	長崎	12.5万
富　有	慶応元．4.	スブ・木	40	9	3		207	米	長崎	1.1万
ファリツタ	慶応3．8.	バ・木	49	9	7		383	米	長崎	
【紀州藩】										
明　光	元治元.11.	蒸内・鉄	76	9	6	150	887	英	長崎	13.85万
ネボール	慶応3．4.26	蒸内・鉄	74	9		200	541	英	長崎	15万
致　遠	慶応3．5.	—・木	44	8	7				横浜	
【宇和島藩】										
天保禄	慶応2．5.17	蒸内・鉄	40	7	6	60	243	英	長崎	2万
開　産	慶応3．4.17	ス・木	27	7	3		131	米	長崎	8100※
祥　瑞	慶応3．7.28	蒸内・鉄	26	6		25	67	英	長崎	
【仙台藩】										
開　成	安政6．1.	ス・木	33	8				英		
有　功	慶応4．1.	蒸内・鉄						英	横浜	
【徳島藩】										
乾　元	文久2.11.	蒸内・木	84	14		80	1500	米	横浜	8.8万
通　済		ス・木	31	7				米		
【松山藩】										
快　風	文久2．9.19	ス・木	31	6		0	180	米	横浜	1.43万
小芙蓉	慶応2.11.	蒸内・鉄	58	9	5	80	434	英	長崎	7万
【松江藩】										
八雲1番	文久2.12.	蒸内・鉄	55	8	5	80	337	英	長崎	8万
八雲2番	文久2.12.	蒸内・木	46	8	3	60	167	米	長崎	9.2万
【秋田藩】										
福　海		ス・木						英		
高　雄		蒸気・—						米		
【尾張藩】										
神　力	文久2.12.	ス・—				0	175	米	横浜	1万
【盛岡藩】										
慶運（広運）	文久3．3.	バ・木	38	7			236	英	箱館	2.5万
【小倉藩】										
飛　龍	慶応元.12.	蒸内・木	48	9		90		米	長崎	8.3万
【小城藩】										
大　木	慶応2．5.	バ・木	38	8			396	米	長崎	2.3万
【大洲藩】										
伊呂波	慶応2.	蒸内・鉄	55	6	4	45	160	英	長崎	7万

【津藩】										
	慶応３．７．１	蒸内・鉄	47	7		80	250	英	長崎	6万
【柳川藩】										
千　別		蒸気・―	54			72				

注)・船形の「蒸外」は蒸気外車（外輪式），「蒸外」は蒸気内車（スクリュー式），「ス」はスクーナー，「バ」はバーク，「ブ」はブリック，「スブ」はスクーナーブリックを示す．
・「国」は製造国を示す．
・※の単位は「両」．

表２　幕府・諸藩が購入した洋式艦船数の変化

年	幕府	薩摩	土佐	長州	久留米	佐賀	熊本	加賀	福岡	広島	他	合計
安政元(1854)												
2 (1855)	1											1
3 (1856)												
4 (1857)	1											1
5 (1858)	3					1						4
6 (1859)												
万延元(1860)		1		1								2
文久元(1861)	2								1			3
2 (1862)	3	1		1				1	1		5	12
3 (1863)	7	3	1	1						1	1	14
元治元(1864)	3	5			1	1	1					11
慶応元(1865)	3	5		1		1		1	1		2	14
2 (1866)	7	1	2	1	5	1	2	1		2	4	26
3 (1867)	2	1	5				2	1	1		5	17
4 (1868)	2					1						3
不　明			2	1		1				1	4	9
合　計	34	17	10	6	6	6	5	4	4	4	21	117

藩保有艦船の報告書をまとめた「蒸気軍艦届」「艦船記」（いずれも国立公文書館所蔵）などのデータと照合することによって「船譜」の問題点をある程度は補正することができる。

表1は「船譜」に記載のある幕府・諸藩購入（贈呈含む）の洋式艦船の情報をもとに、「蒸気軍艦届」「艦船記」などで情報を適宜補ったものである。また、そのデータを基に年ごとの数の変化を集計したものが表2である。

これによると、文久期と慶応期に蒸気船の数が大きく増加していることが読み取れる。文久期の場合は将軍徳川家茂（とくがわいえもち）の海路上洛や諸藩の軍制改革、慶応期の場合は幕長戦争や戊辰戦争などが増加の背景であるが、参勤交代制の緩和や洋式艦船購入に関わる規定の変化なども影響していると考えられる。

洋式艦船購入の規定

「日本政府、合衆国より軍艦・蒸気船・商船・鯨漁船・大砲・軍用器ならびに兵器の類、其の他要需の諸物を買い入れ、または製作を誂（あつら）え、或いは其の国の学者、海陸軍法の士、諸科の職人ならびに船夫を雇う事、意のままたるべし」（『幕末外国関係文書之二十』一九四号）。これは日米修好通商条約第十条の規定である。

安政五年（一八五八）幕府はアメリカ・オランダ・ロシア・イギリス・フランスとの間

で、いわゆる安政の五箇国条約に調印した。関税自主権の喪失や治外法権の承認など、とかく不平等な面が強調される通商条約であるが、外国側には洋式艦船取引きの新市場の獲得、日本側には洋式艦船購入の窓口の広がりをもたらした。

通商条約締結以前であれば、ヨーロッパ唯一の貿易相手国であったオランダに頼らざるを得なかったが、通商条約締結によって洋式艦船を条約締結国に幅広く発注できるようになったのである。洋式艦船・武器は、毛織物・綿織物とともに取引額の多くを占める輸入品になった。

さらに慶応二年（一八六六）五月には幕府とイギリス・アメリカ・フランス・オランダとの間で全一二か条からなる江戸協約（改税約書）が調印され、それまで五～三五パーセントの従価税であった関税が従価五パーセントを基準とする従量税に切り替わった。この転換は幕府・諸藩が高価な洋式艦船を購入する上で有利に働き、幕長戦争や戊辰戦争の勃発と相まって国内における洋式艦船の普及を促していった。

洋式艦船購入の流れ

それでは洋式艦船はどのように売買されていたのだろうか。新しい洋式艦船の建造を幕府・諸藩が諸外国に依頼することもあったが、多くの場合は上海などのアジア市場を通じて中古の洋式艦船が取り引きされている。こここでは幕府による「千秋」「鯉魚門」購入の事例を確認してみよう（『続通信全覧』三〇、船艦門、買船）。

文久元年（一八六一）五月、老中安藤信正・久世広周はアメリカ公使T・ハリスに商船（三〇〇トン余、三本マスト）の購入を斡旋してほしいと依頼している。ハリスの対応は迅速で、六月十三日にはアメリカ製の帆船「ダニエルウェブスター」を上海から横浜に送ったと安藤・久世に伝えている。横浜に送られた「ダニエルウェブスター」は神奈川奉行・軍艦奉行の点検を受け、一万六〇〇〇ドルで購入されることになった。幕府はこの艦船を「千秋」と名付け、小笠原島の開拓、将軍徳川家茂の上洛などに使用した。

翌文久二年十二月十七日には、アメリカ通訳官ポートマンが外国奉行村垣範正にイギリス製蒸気船「鯉魚門」の購入を打診している。これ以前にアメリカ側は「鯉魚門」購入を幕府に断られていたが、横浜の仲介業者を経由せずに、上海の大手イギリス系商社デント商会から廉価で直接買い取ることができるという利点を挙げて、ふたたび打診してきたのである。

ポートマンは、横浜で商社を経営するウォルモンドに対し、デント商会との買取り交渉の全権を与えて上海に派遣している。ウォルモンドに命じられた買取り価格の上限は、交渉の手数料も含めて二〇万ドルであり、ここからいかに値下げできるかが交渉役の腕の見せ所であった。

文久三年二月十一日、交渉を終えたウォルモンドが横浜に帰着すると、ポートマンは村垣に対し、二日後の十三日を期限として支払いがなされない場合、交渉は破談になり、「鯉魚門」は上海に戻り、これまでの経費がまったく無駄になることを告げた。

この時、「鯉魚門」はデント商会からウォルモンド経営の商社に一七万五〇〇〇ドルで売り渡されており、かりに幕府が購入を断ると、これまでの交渉手数料と合わせ、ウォルモンドが大きな損失を抱えることになる。ポートマンは、横浜の仲介業者を介さないことを売り文句にしていたが、実際はウォルモンドの商社が仲介していたのである。

購入を急かすポートマンの態度は明らかであるが、蒸気船の増加を求める幕府はこの条件を受け入れ、最終的には支払い期限を五日過ぎた十八日に一九万五〇〇〇ドルで「鯉魚門」を購入することになった。デント商会からの買取り価格との差額は二万ドルとなり、その中から交渉手数料などを差し引いた額がウォルモンドの商社の利益となった計算になる。

公使館は幕府と外国商社との仲介窓口になり、ある時は幕府の求めに応じて、またある時はみずから売り込むかたちで上海などの中古艦船を開港地に移送し、幕府に紹介していたのである。日本における洋式艦船の需要の高まりは、アジア市場に進出した外国商社にとって大きなビジネスチャンスであった。

坂本龍馬と亀山社中・海援隊

洋式艦船の需要の高まりに敏感に反応し、新たな事業を展開したのが坂本龍馬である。天保六年（一八三五）に土佐国の郷士の家に生まれた龍馬は、文久二年（一八六二）に脱藩して勝海舟のもとで海軍に関する知識・技術を学び、元治元年（一八六四）に神戸海軍操練所が開設されるとその塾頭となって勝を支えた。

禁門の変が起こり、激徒養成の廉で神戸海軍操練所が元治二年三月に閉鎖されると、四月二十五日、龍馬は薩摩藩の蒸気船「胡蝶」で大坂を発し、五月一日、鹿児島に到着した。薩摩藩や長崎の豪商小曽根家の支援を受けた龍馬は亀山社中を長崎で設立し、洋式艦船・武器の購入や海運などの事業を展開していく。

たとえば慶応元年（一八六五）十月、亀山社中の近藤長次郎（上杉宗次郎）が中心となってイギリス商人T・グラバーから薩摩藩の名義で木製蒸気船「ユニオン」を購入しているが、その運用は亀山社中が請け負っている。「ユニオン」は「桜島」と命名され、対幕府用の軍備増強を求める長州藩に売り渡されるはずであったが、運用の権限をめぐって長州藩側となかなか折り合わず、責任を取って近藤が切腹する事態となった。蒸気船は高額商品であったため、その取引きには相応のリスクが伴ったのである。結局「桜島」は長州藩に売り渡され（「乙丑」と改称）、第二次幕長戦争で幕府海軍と砲火を交えることになる。

慶応三年四月、土佐藩士後藤象二郎・福岡孝弟らの働きかけにより、龍馬の脱藩の罪が許され、亀山社中を母体とする海援隊が結成された。隊長は坂本龍馬が務めた。海援隊の規則を記した「海援隊約規」によれば、入隊資格は①土佐藩を脱した者、②他藩を脱した者、③海外の志のある者であった。そのため紀州藩脱藩の陸奥陽之助（宗光）、町医者の長岡謙吉、庄屋の三男の菅野覚兵衛など、さまざまな立場の者が加入している。海援隊では各人の希望に応じて政治学・砲術・航海術・機械学・語学などの修業に励むことを認め、運輸・射利・開拓・投機や土佐藩の支援を活動内容とした。

結成後まもなく、海援隊は大洲藩から蒸気船「伊呂波」を借用し、土佐藩の船印を掲げて長崎から武器・商品を輸送し、大坂方面の諸藩に販売しようと試みている。亀山社中が薩摩藩名義で購入した「ユニオン」を長州藩に引き渡したように、海援隊は藩と藩の間に立って蒸気船の流通を促し、その航海を請け負うことなどで利益を得ようとしていたのである。

「伊呂波」「明光」衝突事件

「伊呂波」は小谷耕造を艦長とし、坂本龍馬・長岡謙吉も乗艦して四月十九日、長崎を出船した。しかし、二十三日、瀬戸内海航行中に紀州藩の蒸気船「明光」と衝突して沈没してしまう。「伊呂波」の乗組員三四人は全員「明光」に乗り移って無事であったが、備後国鞆の浦（広島県福山市）で降ろされ、具体的な談判は後日長崎で行うとして「明光」は出船してしまった。

長崎での談判は五月十五日に始まり、海援隊・土佐藩側と紀州藩側は、それぞれ航海日誌を提出し、海路図などで航行状況を確認しながら談判を進めた。最終的に、①衝突時に海援隊の士官が甲板に上がった際、「明光」の士官を見かけなかったこと、②衝突後に「明光」が五〇間（約九一メートル）ほど退き、ふたたび前進して「伊呂波」の右舷に衝突したこと。以上二点が確認され、「明光」側の非が明らかになり、紀州藩は賠償金を支払うことになった。

「伊呂波」と「明光」の衝突事件は、幕府・諸藩の洋式艦船が頻繁に行き交う海域へと日本沿岸が変貌していたことを端的に示す事件といえよう。

洋式艦船の需要の高まりを背景に、海援隊はさまざまな事業を展開していくはずであったが、慶応三年（一八六七）十一月十五日、龍馬が京都近江屋で見廻組に殺害されたため、十二月三十日に解散となった。隊士たちには紀州藩からの賠償金一万五三四五両余が分配されたという（「坂本龍馬海援隊始末」）。

廻漕御用達嘉納屋次良作と蒸気飛脚船

諸藩に限らず、幕府もまた蒸気船の運用を委託していた。その委託を受けた人物が廻船御用達の嘉納屋次郎作（加納屋治郎作とも）である。嘉納屋は江戸城本丸普請の山元切出方運送の周旋、和田岬砲台の築造に関与するなど、幕府の政策を支えた民間請負業者の一人であり、苗字帯刀を認められ、七人扶持の支給を受けた。外国汽船会社の日本進出に対抗するため、勘定奉行小栗忠順（おぐりただまさ）を中心に幕府蒸気船による人・貨物の定期輸送が計画されると、その事業を請け負う廻漕会所の頭取に任命されている（伊東弥之助「蒸気船奇捷丸の就航―近代海運業の生成過程―」）。民間請負業者の典型である。幕府は民間請負業者の協力を得ることで蒸気船による定期輸送を実現しようとしていたのである。

それでは幕府の蒸気船による定期輸送は、どのように実現したのだろうか。

慶応三年（一八六七）八月十三日、軍艦奉行は管下の蒸気船「神速」「黒龍」「大江」を勘定奉行に移管し、蒸気船による定期輸送実現に向けて準備を進めている（『木村摂津守喜毅日記』）。そして蒸気飛脚船が大坂に就航するという老中牧野忠雅（まきのただまさ）の達が九月十二日に江戸市中、同月二十二日に大坂市中へと伝えられた（『東京市史稿』市街篇第四八、『大阪市史』第四下）。諸家の家来をはじめ、百姓・町人・婦女子に至るまで乗船は自由であり、希望者は廻漕会所に申し込むようにというのである。

さらに具体的な情報が九月十六日に江戸市中、二十九日に大坂市中に触れ出されている（同）。これらによると、就航する蒸気飛脚船は「奇捷（きしょう）」であり、人・荷物を廻漕するため、九月二十八日に品川を出船し、兵庫に向かう途次、大坂に着船する予定である。乗組人数は二〇〇人、荷物は二〇〇〇石積みで、乗船・貨物輸送の希望者は江戸永代橋西詰（東京都中央区）の「廻漕仮会所」、あるいは大坂の廻漕御用達嘉納屋次郎作の名代勤め森清之助・嘉納屋佐五郎まで申し出るようにとある。

大坂では別紙として「江戸表廻漕所書付」「御試蒸気飛脚船仮運賃書」が添えられ、①公用の旅行以外は最寄りの廻漕会所で浦賀番所を通過するための手形を得ること、②乗員の賃銭は一名につき金二両のほか、食費一日分銀七匁五分が必要であること、③貨物の運賃は大長持金六両三分と銀七匁、中長持金五両三分、小長持金四両二分と銀二匁、大樽金二分と銀一匁六厘、中樽金一分と銀九匁一分六厘、小樽銀一三匁八分、明荷一個金二分と銀一一匁四分、それ以外の大型貨物ならば一尺角につき銀一三匁八分、銅鉄金物などの重い貨物ならば一〇貫目（約三八キロ）につき金二分と銀一一匁四分であることが周知された。史料中の「廻漕仮会所」「御試蒸気飛脚船」という文言からもわかるように、「奇捷」の就航はあくまで試験的なものであったが、無事に大坂・兵庫までの航海を終えている。「奇捷」に乗船した開成所教授西周（にしあまね）の妻升子（ますこ）の日記（『西周全集』補巻一）によると、九月二十八日午後十二時頃、人々が見送る中、品川を出船して午後六時頃浦賀に着船し、乗員・貨物の検閲を受け、翌二十九日午前四時頃に浦賀を出船している。船酔いのため食欲がわかず、同船していた養女の好は吐き気を催したというから、その船路は快適なものではなかったようである。十月一日午後十時頃、大坂天保山沖に着船した時には「うれしかりき」という心境で、翌二日、艀船に乗り移って上陸している。

その後「奇捷」は兵庫に着船し、十月十五日までに江戸に戻ってメンテナンスしたうえで、二十二日、ふたたび品川を出船し、二十九日、兵庫に到着している。さらに十一月六日、兵庫を発し、十八日、品川に着船するというように、品川・兵庫間を就航していたが、家茂の跡を継いで将軍に就任した徳川慶喜（とくがわよしのぶ）が大政を奉還するなど政局が混乱し、京坂における軍事的緊張が高まると、「奇捷」の就航は行われなくなった（前掲「蒸気船奇捷丸の就航」）。

幕府の蒸気船による定期輸送は、勘定奉行を中心に廻船御用達嘉納屋次郎作の協力を得ながら実現した。定期輸送実現のため一部の蒸気船が海軍から切り離されて勘定奉行の管下に置かれ、その運用は民間請負業者に委託されたのであった。蒸気船は武士だけの専有物ではなくなり、庶民の移動、民間貨物の輸送ツールとしても利用されるようになっていったのである。

浦賀の軍港化

　蒸気船の普及、幕府海軍の創設に伴い、寄港地の整備が求められるようになった。海軍教育の中心地が長崎海軍伝習所から築地軍艦操練所へと移転して以降、江戸近海での幕府艦船運用の機会は増大した。そのため、幕府には江戸近海に艦船を整備する拠点を設けておく必要性が生じたが、蒸気船のような大型船が寄港できる港湾は限られていた。

浦賀の軍艦作事場

　艦船の整備を担う軍艦作事場（修復場）の設置場所として幕府が白羽の矢を立てたのは浦賀であった。浦賀は中世以来の天然の良港であり、享保五、六年（一七二〇、二一）にかけて浦賀番所・役所が置かれて以降は江戸湾を出入りする諸船を検閲（船改め）する特

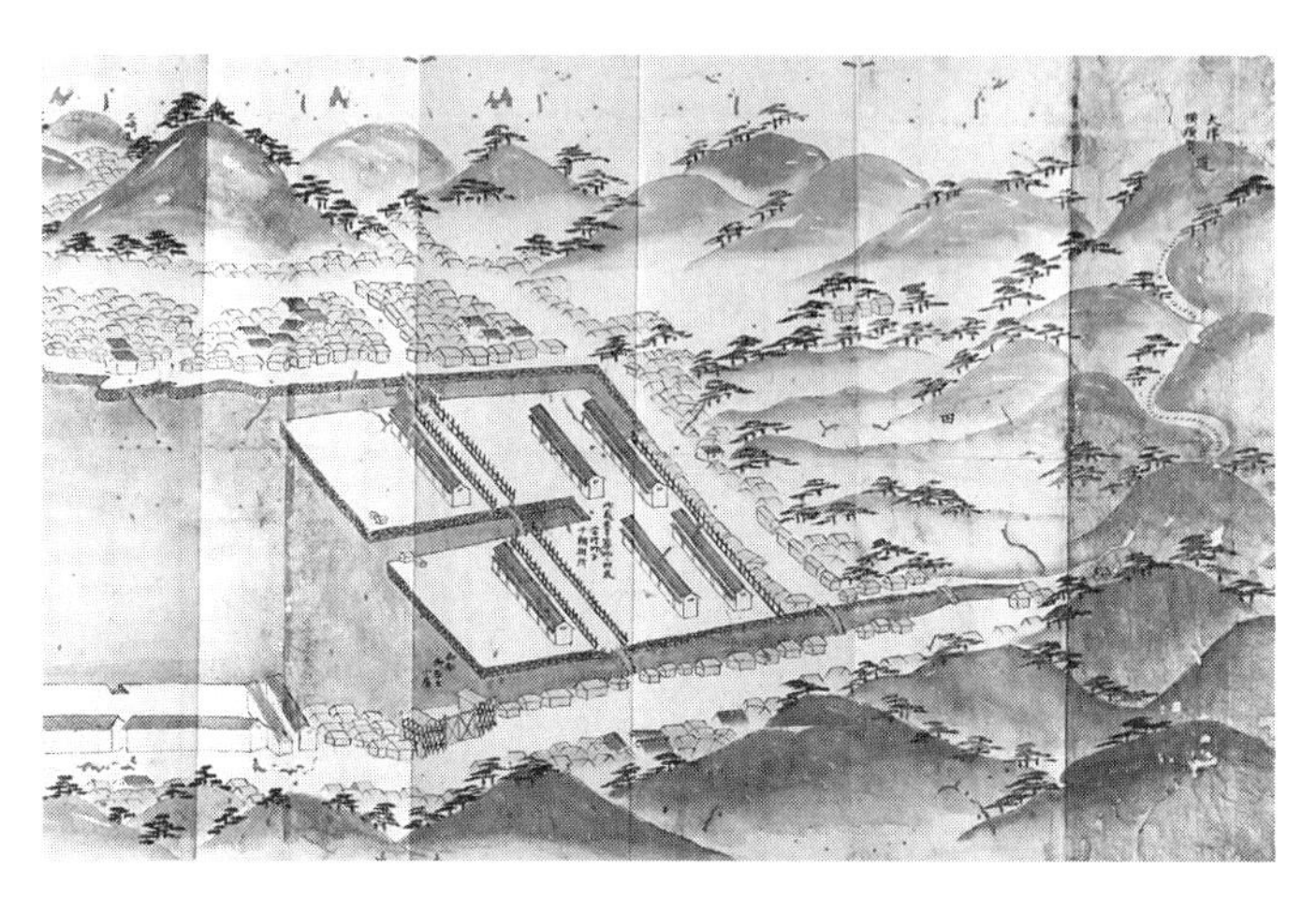

図19　浦賀の築地新町（久保木実氏所蔵）

殊な湊町として発展していった。「諸国湊道のり附」（横須賀市自然・人文博物館所蔵山内家文書）と題する番付では東の大関の地位に浦賀が置かれ、商港としての隆盛ぶりを窺い知ることもできる。そうした歴史的地層を積み重ねてきた浦賀には、幕末期に軍艦作事場を整備・維持していくだけの経済的・人的基盤が備わっていたといえる。

　浦賀での蒸気船修復の事例として最も早いものは、管見の限り安政四年（一八五七）六月から十月にかけて行われた「観光」修復である。修復の詳細は不明だが、築地軍艦操練所開設直後であることから、航海実習で同艦を運用するために必要なメンテナンスであったと思われる。また、万延遣米使節団護衛の名目で太平洋横断を命じられた「咸臨」が出発前に浦賀に寄港した際にも修復が行われている。『日本近世造船史』によれば、浦賀湊に注ぐ長川河口に渠溝を穿ち、溝口に粘土を塗り固め、ドライドックを築いて「咸臨」を入渠、修復を行ったとある。ただ同書には万延期以降に行われた「朝陽（ちょうよう）」「千秋」「咸臨」などの修復作業については記述がなされていない。浦賀に幕府の軍艦作事場が設置され、継続的に修復作業が行われるようになるのは万延元年（一八六〇）の「朝陽」修復以降である。

万延元年二月、軍艦奉行は勘定奉行・同吟味役・勘定方に「朝陽」修復を願い出ているが、その経緯は次の通りである（「御軍艦操練所伺等之留」）。「朝陽」は修復中であったにも関わらず幕府からの命に従い、洋銀引替えのため長崎への航海を行った。江戸帰着後、「朝陽」の船底の破損、発錆が確認されたため、軍艦奉行は水泳の巧者を潜らせて状況を確認したところ、数カ所の銅板が剝がれていた。「朝陽」は「大艦」なので引き揚げることは困難であり、相応しい場所で周囲を閉め切って「水替」したうえでなければ修復費用を見積もることができない状態であった。幕府艦船運用の起点となる品川沖は風当たりが強く作業が困難であったため、軍艦奉行は浦賀での修復を願い出たわけである。

この願いは聞き届けられ、八月二十九日に「朝陽」の修復掛が任命された。その顔ぶれは、軍艦操練所教授方の矢田堀景蔵・春山弁蔵・小川貴太郎、同手伝中島三郎助、同取締役高松虎太郎、同取調方出役宮本小一郎である。その後、軍艦操練所教授方出役榎本武揚、同手伝出役香山道太郎が補充された。このうち春山・中島・香山は浦賀奉行所からの出役であり、矢田堀・榎本らとともに長崎海軍伝習の経験者である。浦賀の土地勘があり、かつ造船技術に精通した人材が修復掛に選抜されたのであった。

この「朝陽」修復が行われた場所こそが浦賀湊奥の築地新町内に置かれた軍艦作事場である。築地新町は天保期に造成された埋立地で、一・三・五丁目は西浦賀村、二・四・六・七丁目は東浦賀村という具合に東西浦賀村の土地が混在し、東堀・中堀・西堀が設けられ、船荷物の揚卸場や干鰯問屋会所、浦賀商人たちの土蔵が立ち並ぶ商業空間であった。幕府は干鰯取引に関わる諸施設を移転させ、「築地中堀際地面」三六八坪余を軍艦作事場とし、住民の出入りを原則禁止したのであった。

浦賀の軍艦作事場で「朝陽」の破損箇所を確認したところ、蒸気機関を取り外さないと修復することが困難であることがわかった。蒸気機関を取り外すには長崎にある専用の道具が必要だったが、長崎から陸路で輸送することは不可能で、江戸で製造すると莫大な費用がかかった。そこで軍艦奉行は長崎から神奈川に廻航してくる条約締結国の外国船に輸送させてはどうかと提案している（「御軍艦操練所伺等之留」）。道具調達のその後の経緯は判然としないが、文久二年（一八六二）二月に至って「朝陽」修復はようやく完了している。

同年七月には蒸気船「蟠龍」、閏八月には帆船「千秋」の修復も相次いで行われ、幕府艦船の修復地としての浦賀の役割が明確化していった。

蒸気船運用と石炭

蒸気船を安定的、継続的に運用していくためには蒸気機関の燃料となる石炭が不可欠であった。それまでの石炭の用途は、補助燃料や害獣除けなどごく限られたものであったが、文久期以降、幕府艦船に占める蒸気船の割合が増大していくに伴い、新たな資源としてその需要が急速に高まっていった。

材木商片寄平蔵（かたよせへいぞう）は陸奥国白水（はくすい）村（福島県いわき市）の弥勒沢で石炭の路頭を発見すると、安政五年（一八五八）に軍艦操練所御用達に任命され、江戸の海産物商明石屋治右衛門（七代目）との共同事業で翌年には横浜に出店して石炭の販売に携わった。常磐炭田産出の石炭は小名浜（同）に積み出され、海路で輸送された。万延元年（一八六〇）に片寄が死去すると、明石屋単独の経営に移り、文久三年段階には石炭取引量全体の約三五パーセントを軍艦操練所が占めるようになっていった（『横浜市史』別巻）。

それでは当時の蒸気船を運用するにあたり、どの程度の石炭が必要とされたのだろうか。『海軍歴史』には幕府蒸気船が一か年に要する費用の見積りが記されているが、それによると運用にかかる支出全体に占める石炭支出の割合は、「装鉄船」（「甲鉄」）で四〇パーセント（年間の石炭支出金三万四五〇〇両、石炭消費量九〇〇万斤分）、「開陽」で二四パーセント（同）、「回天」で三〇パーセント（同二万七六〇〇両、七二〇万斤分）、「富士山」で三〇パーセント（同）、「翔鶴」で三九パーセント（同二万四一五〇両、四五〇万斤分）、「朝陽」で三三パーセント（同一万七二五〇両、四五〇万斤分）、「蟠龍」で二五パーセント（同八六二五両、二二五万斤分）、「千代田形」で一九パーセント（同三四五〇両、九〇万斤分）にのぼっている。乗組員への賄料や航海入用など、他の支出項目と比べても石炭支出の割合は大きく、小型の「千代田形」を除いて支出項目中第一位となっている。蒸気船運用において石炭が重要な位置を占めていたことを窺い知れよう。

石炭供給体制整備構想

石炭を安定的に供給するための体制をいかに整備していくのか。幕府はこの新しい問題とどのように向き合っていたのだろうか。

元治二年（一八六五）正月、軍艦奉行小栗忠順と同並木下謹吾・石野式部らは勘定奉行・同吟味役とともに石炭供給体制の整備構想を策定し、幕府に上申している。これによると、商人たちが相互に利潤を競って開港場に石炭を持ち出し、国内の販売価格の一〇倍ほどで外国船に売り渡しており、横浜だけでも一か年でおおよそ一五〇〇万斤、長崎・箱館を合わせると年間約三〇〇〇から四〇〇〇万斤が取り引きされており、そのすべてが「姦商」の所得になり、石炭の価格が高騰している状態だという。そこで小栗たちは「石炭売捌方等の仕法」を立て、勘定奉行と軍艦奉行が石炭の流通を統制するべきだと訴える。彼らが構想する仕法の主な内容は以下の通りである（『海軍歴史』）。

①大名領を除いて、幕領・旗本知行所などの石炭山は勘定所が管理する。
②石炭の売買の権利は軍艦奉行に委任する。
③勘定所は石炭山に役人を派遣し、村方に賃金を支払って人足を雇用する。最寄りの河岸場に石炭置場を設置して石炭を運び込む。
④幕府海軍が石炭を必要とする場合は、石炭山の勘定所役人に通達し、海軍管轄の船や廻船などで江戸まで廻送する。
⑤村役人たちだけで事務に支障が生じる場所には「御用達」のような者を任命して派遣する。
⑥外国への石炭販売については、横浜に石炭会所・石炭置場を設置する。外国船からの要望に応じて石炭を安値で売り渡し、その利益は幕府海軍の運営費に充てる。長崎・

箱館も横浜同様にする。
⑦海運の拠点で諸大名の蒸気船なども碇泊する兵庫、製鉄所建設予定地の横須賀にも石炭会所を設置する。
⑧横浜・長崎・箱館・兵庫・横須賀以外にも寄港しやすい港湾に石炭置場を設置し、一か所に五〇〜六〇万斤を保管する。管理は石炭置場周辺地域の者に命じ、蒸気船の寄港や石炭の積込み、不足した際の石炭の補充などを手配させる。

これらの構想は幕府に認められたが、その後の各地の動向からみて、構想のすべてが実現したとは考えられない。ただし、一方で小栗らは構想の早期実現が難しいとも考えており、まずは江戸周辺から整備に着手するつもりだと述べている。当座の目標とされた江戸周辺では、浦賀に石炭置場、横須賀に「石炭小屋」が設置されていたことを確認できる。とくに浦賀の石炭置場は小栗たちから構想が提示される以前、文久三年（一八六三）段階でいち早く設置されている。小栗たちの構想は、浦賀の石炭供給の体制を念頭に置き、それを各地に拡大しようとしたものと思われる。

東浦賀村の村役人を務めた石井三郎兵衛家には多くの古文書が残されていた。現在は横須賀市の所蔵となる石井三郎兵衛家文書である。筆者は横須賀市史編さん事業に携わる中で、この文書群を整理する機会に恵まれた。

浦賀の石炭供給体制

古文書の内容を一点一点、慎重に、地道に確認していった中に「石炭御用留」という帳面があった。東浦賀村の商人が干鰯取引きの特権を幕府から認められていたことは知っていたが、石炭も取り扱っていたのかと思い、内容をみていくと、どうやら一般的な商人間の取引に関する記録ではないことがわかってきた。じつはこの「石炭御用留」、横須賀史学研究会が『相州三浦郡東浦賀村（石井三郎兵衛家）文書』第四巻の中ですでに翻刻していたのだが、恥ずかしながらそれを知ったのは後のことであった。この「石炭御用留」の分析により、浦賀における石炭供給体制の実態が浮かび上がってきた。まずは石炭置場設置の経緯について確認していこう。

文久三年（一八六三）八月、浦賀奉行大久保忠董（おおくぼただしげ）は軍艦奉行木村喜毅・同並勝海舟らから石炭四〇〇〇万斤を浦賀に運び込むことを命じられた。以前から二〇〇〇万斤の移送は伝えられていたが、さらに二〇〇〇万斤が追加され、計四〇〇〇万斤の石炭を浦賀で保管しなければならなくなったのである。そこで大久保はすでに軍艦作事場が置かれていた築地新町の商人の地所を新たに「御用地」に編入し、納屋四棟を設置している。これを機に商人たちの土蔵が軒を連ねる築地新町の軍用地化は一層進んでいった。

石炭の品質・重量の点検、蒸気船への搬入とその代金の管理などを統括したのは、浦賀奉行組与力・同心である。同年十二月七日、浦賀奉行は与力中島三郎助、同心浅野源四郎・土屋喜久助を石炭御用掛（「御軍艦御囲石炭取扱御用掛」）に任命した。石炭御用掛は浦賀奉行所の与力・同心として勤務するかたわら、軍艦奉行からも手当てを支給されており、幕府海軍の末端を担う立場でもあった。幕府海軍は地域支配に精通した浦賀奉行所と連携して軍港化を円滑に進めていこうとしたのである。

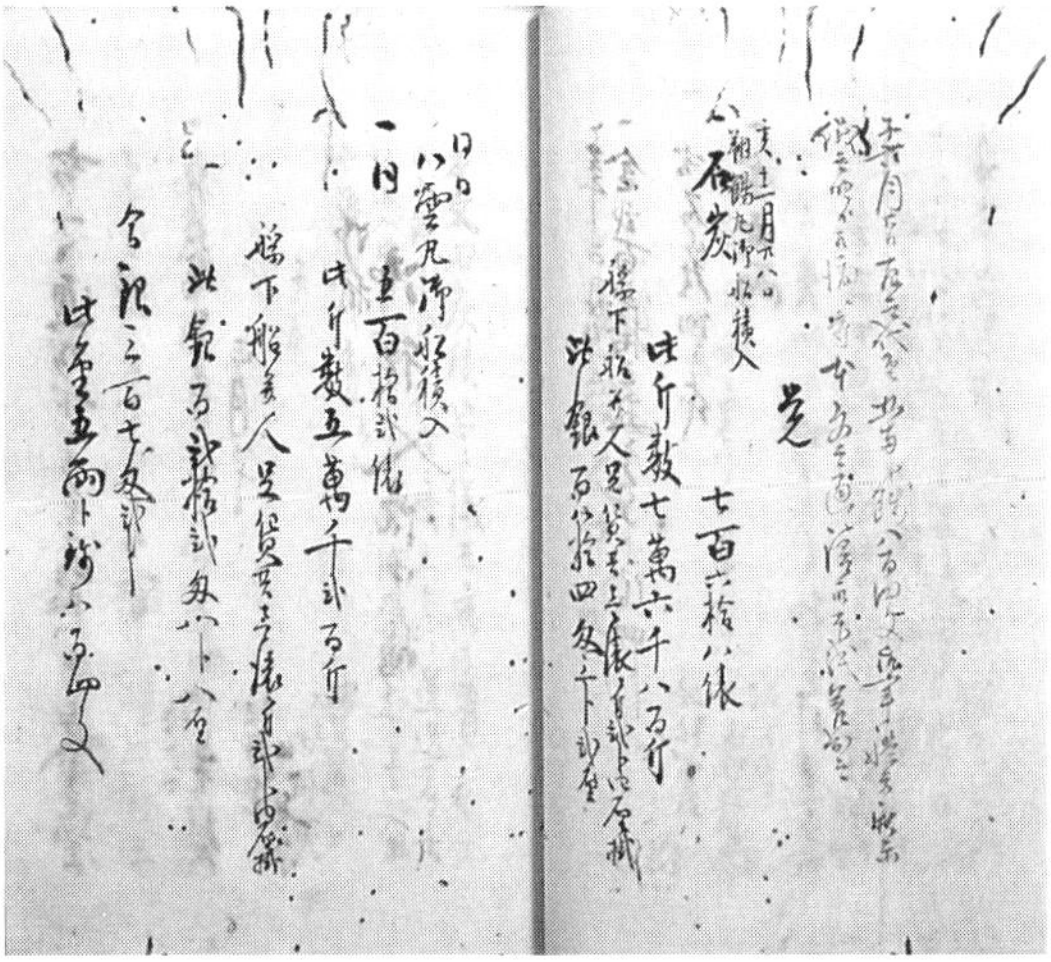

図20　石炭御用留（横須賀市所蔵 石井三郎兵衛家文書）

中島・浅野・土屋の三名は西浦賀村の紀伊国屋六兵衛、東浦賀村の樋口屋吉左衛門を浦賀役所に呼び出し、彼らを石炭御用達に任命した。紀伊国屋は「身元たしかなる者」で構成される西浦賀商人の集団である「一番組」に属し、干鰯・〆粕取扱人などを務めており、樋口屋も水揚商人惣代として水揚荷物改会所の運営などに関与するなど、両者は浦賀における商取引上のいわば顔役であった。諸国から産物が集まる浦賀では商売上の好機が多く、商人間の広域的なネットワークが構築されていた。幕府海軍・浦賀奉行所は、有力商人のネットワークを利用することで石炭を買い入れ、石炭供給体制を円滑に機能させようとしていたと考えられる。

「石炭御用留」を分析する限り、浦賀で初めて石炭が積み込まれたのは文久三年十二月二十八日、上洛の途次に将軍徳川家茂の艦隊が寄港した時のことで、旗艦の「翔鶴」に七万六八〇〇斤、随行の松江藩「八雲」に五万一二〇〇斤が積み込まれている。前述の通り「翔鶴」の年間の石炭消費量は四五〇万斤分である。一日当たりだと七万斤分になるので（『海軍歴史』）、浦賀では約一日分の量を供給したことになる。蒸気船は航海に際して常に蒸気機関を稼働させていたわけではなく大半は帆走し、寄港時の接岸や気象に応じて蒸気機関を稼働させていた。「翔鶴」が浦賀で補給した石炭の分量は、江戸から大坂までの航海に要する最小限のものであったといえよう。

浦賀で最も多くの石炭が蒸気船に供給されたのは、元治二年（一八六五）三月二十八日のことで、伊豆大島・八丈島に向かう「翔鶴」に三八万七〇〇〇斤、日数にして五、六日分に相当する石炭が供給された。浦賀における石炭供給のピークである。その後、第二次幕長戦争が始まると西日本における蒸気船の運用が活発化し、軍事的拠点として兵庫の重要性が増していくと、浦賀保管の石炭は兵庫に廻送されることになり、慶応三年（一八六七）二月十二日の蒸気船「富士山」への三万七四〇〇斤を最後に、浦賀での石炭供給は行われなくなっていった。この時までに浦賀で蒸気船に積み込まれた石炭は総計二四七万三四〇〇斤にのぼった。

軍港化をめぐる問題

軍艦作事場や石炭置場の設置によって湊町浦賀は急速に軍港化を遂げていくことになったが、それは浦賀住民の生活に大きな影響を及ぼすものであった。浦賀の住民たちは軍港化をどのように受け止めたのだろうか。

軍艦作事場の設置によって生業に大きな影響を受けたのは、干鰯商売の特権をもつ東浦賀村の住民であった。前述の石井三郎兵衛家文書に残る「日記」には、文久元年（一八六一）八月二十六日付で東浦賀村の干鰯問屋・村民一同が築地新町への干鰯場移転を願い出た浦賀奉行所宛の歎願書が記されている（『相州三浦郡東浦賀村（石井三郎兵衛家）文書』

第二巻）。浦賀の軍港化をめぐる住民問題が端的に示されているので内容を紹介しておきたい。

ごくわずかな耕作地しか持たない東浦賀村にとって、干鰯商売は住民生活を助成する「御田地」のようなものであった。そうしたところ、築地新町に軍艦作事場が設置され、幕府は同所にあった干鰯場の取払いを命じた。東浦賀住民は「不都合」や「不便利」を感じつつも、浦賀湊奥の長川河口に仮の干鰯場を設置し、蠣ヶ浦に土蔵二戸を用意して商売を続けた。それというのも、干鰯場の移転はあくまで「朝陽」修復が完了するまでの仮移転であり、いずれは元の場所に戻るものだと東浦賀村住民が認識していたからであった。しかし、築地新町の中堀・干鰯場は「朝陽」修復後も幕府の御用地として継続的に利用されるという風聞が流れ、東浦賀村住民の間に衝撃が走った。そこで歎願書が差し出されたのであった。

この歎願書には東浦賀村にとって、干鰯場がいかに重要な場所であったのか、その歴史が記されている。もともと東浦賀村は「一円干鰯場」と唱えるほどに干鰯荷物で溢れており、土蔵や納屋に納まりきらない干鰯荷物は手狭な通りや寺社の境内にも置かれていた。そのため過去の火災では干鰯荷物で逃げ場が遮られ、被害が拡大し、多くの干鰯荷物が焼失した。対策を立てようにも東浦賀村は手狭で新たな地所や埋立地などを造成することもできなかった。文化期に初めて浦賀に異国船が来航して以降は、海防担当諸藩が近隣の村に陣屋を構え、武家方や「御上役人」の通行が多くなり、非常時における干鰯荷物の取扱いが懸念されるようになった。至る所に置かれている干鰯荷物が警衛の妨げになるということである。浦賀奉行伊沢政義（いさわまさよし）の勤役中、天保期に与力の中島清司（なかじまきよし）・堀黛助らの尽力もあり、湊奥の干潟を埋め立てて築地新町を造成し、そこに干鰯場を設置して「永代干鰯類一ト場取扱」を命じられることになった。つまり、築地新町の干鰯場の永続的利用を浦賀奉行所が東浦賀村に対して認めていたのである。安政三年（一八五六）正月には西浦賀村宮下町から火の手が上がり、激しい西風を受けて東浦賀村まで延焼したが、住民は干鰯場に家具などを持ち込んで難を逃れ、一人の窮民も出なかったので、人びとは一層干鰯場を有り難い存在だと認識するようになったという。

以上の歴史的経緯を踏まえ、東浦賀住民は干鰯場を置く場所が築地新町以外にはなく、以前のように干鰯荷物が築地新町以外の地に溢れかえることになれば非常時の対応や日常の生活にも支障が生じ、干鰯商売が成り立たなくなるので、干鰯場が軍艦作事場にならないように「お救い」を求めたのである。しかし、その後も軍艦作事場が築地新町から移転することはなく、「蟠龍」「千秋」など幕府艦船の修復作業が相次いで行われた。浦賀の軍港としての機能は顕在化していったのである。

一方で浦賀奉行は、幕府艦船の寄港時に東西浦賀村から動員する曳船や運搬船に対し、賃金を支払うことを認めている。従来は村の役として負担を課していたが、軍港化の進展に伴って幕府艦船の寄港が相次ぐようになると、負担軽減を主張する東西浦賀村の歎願を受けて賃金の支給を認めている。軍港化に伴う艦船の寄港は、東西浦賀村住民にとって、新たな稼ぎの機会になったのである。

幕府は浦賀奉行所を媒介として地域の利害を調整しつつ、軍港を整備していったのである。軍港化に対する大規模な反対運動が起こらなかった要因は、そうしたところにあったと考えられる。

紆余曲折の製鉄所建設計画

土蔵附売家の栄誉

ＪＲ横須賀駅の改札口を出て左に曲がるとヴェルニー公園がある。公園の中央には幕臣小栗忠順(おぐりただまさ)とフランス人ヴェルニーの胸像が並ぶ。胸像が見つめるその先はアメリカ海軍横須賀基地、かつて横須賀製鉄所が置かれた場所である。基地内にはいまも横須賀製鉄所の遺構が残る。とりわけ慶応三年（一八六七）に起工、明治四年（一八六一）に竣工したドライドック（第一号ドック）は、一部補修を加えながらも現役で稼働しているというのだから驚きである。ドライドックは船をメンテナンスするための設備で、船渠に船を引き込んでから蓋をしてポンプで水を抜き、船底の修理などを行う。第一号ドックは日本最古の本格的な石造ドックであり、貴重な歴史遺産である。

図21　ドライドック〈上〉とヴェルニー公園〈下〉
（横須賀市 市史資料室提供）

「猶ほ土蔵附売家の栄誉を残すべし」とは、徳川の世が終わっても製鉄所創設という栄誉を後世に残すべきだという小栗の決意を後年、盟友の栗本鋤雲（くりもとじょうん）が紹介した言葉であるが、果たしてその通りとなった。

機械を備えた大型の蒸気船を修復し、継続的に運用していくためには、船台や組立場・倉庫など、各種施設を備えた修船・造船のための機械工場、すなわち製鉄所が必要であった。史料上、製鉄所は「造船場」「造船局」「工作場」「制鉄所」「大艦御修復場」「錬鋳所」「海軍造営場」など多様に表記されるが、本書では「製鉄所」で統一する。

図22　現在の１号ドック（横須賀市 市史資料室提供）

蒸気船を獲得し、海軍を創設した武士たちは、いよいよ製鉄所建設に着手するのだが、その道のりは決して平坦なものではなかった。以下では幕府による製鉄所建設の経緯についてみていくことにしよう。

長崎製鉄所の起工

幕府が最初に製鉄所を建設したのは長崎であった。長崎海軍伝習の最中、オランダ海軍士官Ｈ・ハルデスが指揮を執って安政四年（一八五七）八月に起工した。文久元年（一八六一）三月の竣工時には長崎海軍伝習所はすでに閉鎖されていたが、ハルデスは残留して工事を見届けた。

長崎製鉄所の建設過程や施設、役割などについては、楠本寿一『長崎製鉄所』（中公新書、中央公論社、一九九二年）の分析に譲り、ここでは概要を述べるに止める。

長崎製鉄所内にはオランダ人の住居をはじめ、鍛冶場・鋳物場・轆轤盤（ろくろばん）細工所・小細工場・雛形細工場・図引所・蒸気機関室・仮舎密（かりせいみ）所・石炭囲所・物置などが置かれ、幕府や佐賀藩、諸外国の艦船に至るまで幅広く修復作業が行われた。

万延元年（一八六〇）六月には岩瀬道に修船架の設置が計画され、翌年四月に起工したが、元治元年（一八六四）正月に立神軍艦打建所の建設が始まると、岩瀬道修船架の工事は中止となった。

長崎製鉄所は明治期以降の軍事・産業を支える機械工業の先駆的役割を果たしたが、その運営は幕府による江戸近郊への製鉄所建設計画の進展と連動するものであった。

江戸近郊への製鉄所建設計画

蒸気船の増加に伴い、幕府は江戸近郊における製鉄所建設を計画する。長崎は蒸気船運用の起点である江戸から遠距離にあるため、移動に日数がかかり、費用が嵩んでしまうという欠点があった。

幕府の勘定奉行・同吟味役は万延元年（一八六〇）十二月の段階で蒸気船の国産計画を検討している。オランダから入手した蒸気船は破損が早く、幕臣の間では遠洋航海における懸念が生じていた。そうしたなかで佐賀藩からオランダ製工作機械の献上があり、これを活用して製鉄所を開設しようというのである。この計画では軍艦作事場が置かれている浦賀や、のちに製鉄所が置かれる横須賀が候補地になっているが、浦賀では外国人が入り込んでしまい、横須賀では地所が狭いといった欠点が挙げられ、決定には至らなかった。結局、軍艦奉行とも相談して再評議することになったが、文久元年（一八六一）五月、幕府は江戸周辺での製鉄所建設計画の中止を決定し、幕府艦船の修船・造船は長崎奉行管轄のもと、既存の長崎製鉄所のみで行うとし、同所へのドック設置が合わせて提案されることになった（「御軍艦操練所伺等之留」）。江戸周辺への製鉄所建設計画は頓挫したのである。

ところが、文久二年四月になると、勘定奉行松平康正（まつだいらやすまさ）、外国奉行岡部長常（おかべながつね）、目付服部帰一、勘定吟味役立田録助（たつたろくすけ）が「蒸気機関取立」の御用を拝命し、製鉄所建設計画が復活する。関係部局の幕臣たちは相模国片瀬村（神奈川県藤沢市）から上総国富津村（ふっつ）（千葉県富津市）までの海岸線を視察し、候補地の選定に取りかかった。

製鉄所建設地の決定

幕府の製鉄所建設計画は、横浜製鉄所・横須賀製鉄所の創設に結実する。目付栗本鋤雲が旧知のフランス公使館付通弁官M・カションと横浜で再会し、その縁故で勘定奉行小栗忠順やフランス公使L・ロッシュとのつながりが生まれ、フランスとの技術協力のもと製鉄所建設計画が進展していくこととなる。

のちにジャーナリストに転身した栗本はさまざまな著作・回顧録を残したが、そのなかに「横須賀造船所造営の事」があり、栗本の死後、明治三十三年（一九〇〇）、校訂を経て『匏菴（ほうあん）遺稿』に収録、刊行された。栗本の回想はフランスとの交渉に関わった実務役人ならではの興味深いエピソードであるが、いくつか不明な点もある。もとより後年の回想は、多かれ少なかれ記憶の希薄化・上書き、意図的な創作を伴うものである。そこで、計画に関わった勘定吟味役小野友五郎の日記や明治期に外務省が幕末の外交関係文書を編さんした『続通信全覧』所収の「横須賀製鉄所一件」などで補いつつ、栗本の言葉に耳を傾け、建設地が横浜・横須賀に決定する過程をたどってみよう。

栗本の回想によると、元治元年（一八六四）十一月上旬頃、栗本はフランス外交官と親密な関係にあったことを見込まれ、若年寄酒井忠毗（さかいただます）から横浜停泊中のフランス軍艦の職工を雇用して「翔鶴」を修復したいと要請されたという。栗本がロッシュに相談したところ、フランス軍艦「ケリエル」乗艦の海軍提督B・ジョレスを紹介された。ジョレスは士官ドロートル、蒸気技手エーデら職工十余人を出向させ、「翔鶴」の蒸気罐や内装・外装を修復した。

十二月中旬、栗本は道すがら小栗に呼び止められ、「翔鶴」修復の出来映えを賞賛された。栗本が小栗を自邸に招き入れると、ある相談を持ちかけられる。「相州狢ヶ谷湾」（長浦湾と推定。神奈川県横須賀市）に佐賀藩献納のオランダ製工作機械を置いてドックや製鉄所を建設する計画があり、ついては「翔鶴」を修復したドロートルに同所を測量してほしいというのである。

小野友五郎の日記によると、元治元年九月十五日の段階で外国奉行浅野氏祐、勘定奉行小栗忠順らと製鉄所のことについて相談していることを確認できる。また同月二十九日には「横須賀・ムジナカヤのうちに取り立て申すべし」と、横須賀・狢ヶ谷が候補地に挙がっていたこと、十月二十六日に横須賀の絵図を作成して軍艦奉行木下謹吾に渡したこと、十一月四・五日に船越（神奈川県横須賀市）・横須賀を視察していることが判明する。すなわち、小栗が栗本に相談を持ちかけたときには、幕府の実務役人の間でかなり具体的な候補地の選定が行われていたことになる。

栗本の回想に話を戻そう。栗本・小栗がフランス公使館のロッシュを訪ね、ジョレスの意向を確認すると、年少で経験も浅いドロートルではなく、「セミラミス」一等蒸気士官ジンソライを紹介された。上海から帰国したジンソライが佐賀藩献納の工作機械を点検したところ、小型で馬力が弱く、ドックでの利用には適さないことが判明したため、横浜に小修繕所を建設し、そこで利用することになった。

ジョレスがロッシュ・小栗・栗本をはじめ、軍艦奉行木下謹吾、外国奉行浅野氏祐らとともに「セミラミス」と「順動」で相模国長浦村（神奈川県横須賀市）沖を測量したところ、浅瀬があり、大型船の航行に適さないことが確認された。そこで隣の横須賀も測量したところ、湾の形が屈曲していること、十分な水深を備えていること、フランスの軍港ツーロンに類似していることから、横須賀が製鉄所の建設地に決定したのであった。

「横須賀製鉄所一件」では、十二月九日に老中の水野忠精・阿部正外（あべまさと）・諏訪忠誠（すわただまさ）らがロッシュと活発な意見を交して製鉄所建設の方向性を定めるなど、実務役人レベルから幕府の政権担当者レベルへと製鉄所建設の交渉が進展していった様子を読み取ることができる。このとき老中たちは製鉄所建設にふさわしい場所をロッシュに質問しているが、その答えは「とても適した場所がある」というだけで、フランス側からは横須賀・長浦・船越など具体的な候補地は提示されていない。

幕府の実務役人たちは元治元年九月から十一月までの間に候補地を横須賀・船越・長浦に絞り込んでおり、最終的な判断材料を得るためフランスに測量を依頼し、その意見を踏まえて横須賀製鉄所建設を決定したと考えられよう。

横浜製鉄所と横須賀製鉄所

慶応元年（一八六五）二月、幕府はまず横浜製鉄所の建設に取りかかった。建設場所は横浜居留地に沿って流れる中村川近く、現在のＪＲ石川町駅周辺である。

横浜は横須賀から近く、小規模な製鉄所を置く条件は整っていた。八月に建設工事が完了し、銅工場・鍛冶場などが設置され、翌九月にジンソライの提案通り佐賀藩献納のオランダ製工作機械、さらには万延遣米使節がアメリカで購入していた工作機械も据え付けられることになった。横浜で「翔鶴」を修復したドロートルが首長を務め、一六名のフランス人技師とともに作業に従事し、幕府側は栗本が所長を務めた。横浜製鉄所では横須賀で使用する機械類などの製造や陸軍で使用する銃砲類の修復、外国艦船の修復などを行った。

図23　建設中の横浜製鉄所（ベアト撮影・横浜開港資料館所蔵）

横須賀製鉄所の起工は少し遅く、鍬入式が

行われたのは慶応元年九月二十七日であった。横須賀製鉄所の首長を務めたのはフランス人造船技師F・L・ヴェルニーである。ヴェルニーはパリの理工科大学校（エコール・ポリテクニーク）、海軍技術応用学校などで造船を学び、ブレストの海軍工廠に勤務後、ジョレスの命を受けて中国寧波の造船所で砲艦四艘を建造していた。その腕前を買われ、横須賀製鉄所建設の責任者としてジョレスから推薦されたのであった。慶応二年三月、フランス人技術者を伴って上海から来日すると、工作機械の点検を済ませ、横須賀製鉄所の活動を統轄していった。

幕府では諸役職の中から製鉄所掛を選抜していたが、慶応二年十二月以降は独立した専門職である製鉄所奉行・同並を置き、フランス人技師との協働のもと、横浜・横須賀製鉄所の管理・運営にあたらせた。

横須賀製鉄所での修復作業

横須賀製鉄所における艦船修復作業の実態については不明な点が多い。国立公文書館所蔵江戸城多聞櫓（たもんやぐら）文書で確認できる範囲では、幕府の蒸気船「太平」と「蟠龍」の修復作業が行われている。

勘定奉行小栗忠順らが提出した水主・火焚の日当に関する慶応二年（一八六六）三月付の上申書によると、幕府は「太平」の蒸気罐の取替え作業をまず横浜製鉄所で行っている。

しかし、開港地という横浜の性質上、外国船の出入りが多く、作業に支障をきたすことがあった。これに対し横須賀では、水主や火焚を多数徴発・雇用するのに都合がよく、費用や作業に応じた人員の増減が容易であったという。

「蟠龍」の修復作業については年代不明であるが、蒸気罐修復のため製鉄所奉行に同艦が預けられていたことを確認できる。

造船については、慶応二年七月に三〇馬力の小型蒸気船「横須賀」が建造されている。「横須賀」は横須賀・横浜間を往復して機械・諸荷物の運搬にあたった。横浜と横須賀の製鉄所は両輪となって幕府海軍の活動を支えたのである。

日本沿岸は危険海域

幕府の蒸気船だけではなく、横須賀製鉄所ではイギリス蒸気商船「ジェーン・アンナー」の修復も行われている（「横須賀製鉄所一件」）。貿易取引量の多い開港地横浜近郊に位置する横須賀では、製鉄所建設以前から海難した外国船の修復が行われていた。日本沿岸を航行する外国人にとって、艦船を修復して航海の安全性を高めてくれる横須賀製鉄所の創設は、歓迎するべき出来事であった。

ペリーが江戸内海を慎重に測量しながら進んでいったことからもわかるように、当時の日本沿岸は十分な海図が作成されていない、未知なる危険海域であった。水深を把握できないままに座礁したり、突然の暴風雨で航路を失い漂流したりと、開港によって外国艦船の航行が増えた分、海難事故も多発していた。

プロイセン外交団オイレンブルクは万延元年（一八六〇）九月に伊豆沖を航行したときの様子を次のように記している（『オイレンブルク日本遠征記』下）。

大島とキング岬（野島岬）との間の湾の東の入口は、まったく未知の水道で、日本のジャンク船だけが通っているにすぎない。風は、しばらくの間は危険なほどの素早さで羅針盤のあらゆる点の上を行きつ戻りつした後、激しい西南の暴風となった。そのため、われわれの取るべき通常の航路はふさがれてしまったのである。戻ることは、内湾の入口が狭いし、また燈台がないので考えられなかった。陸地に接近すれば至る所に遭難の危険があった。（中略）本当にすさまじい夜だった。それはおそらく艦が経験した一番危険な状態であったろう。なぜなら、遭難に至らせる暗礁がこの海峡にあるのかどうかは誰も知らなかったし、進路も未知で激しい潮流のためにおおよそしか定まらなかったからである。

さらにフランス海軍士官Ｅ・スエンソンも次のような記録を残している（『江戸幕末滞在記』）。

横浜の埠頭は絶えずたくさんの軍艦、商船でいっぱいである。広々としていて、日本の海岸をたびたび襲う嵐からもかなりよく守られている。ただ、北の風、北東の風に対してはほとんど無防備なのが玉に瑕といえる。いつもはおだやかな江戸湾も、嵐とともに次から次へと巻き込むように高波が押し寄せてくると、たちまち怒れる海と化し、船の運航を危険におとしいれる。

日本の沿岸航路はもちろん、開港地横浜を抱える江戸湾ですら、決して安全な海域ではなく、外国船はつねに海難の危険を伴いながら活動していたのである。幕府による製鉄所の建設は、諸外国にとっても航海の安全性を高めるうえで利点の多い事業であった。

オランダ製スチームハンマー

前述したヴェルニー公園の入口には、急傾斜の屋根にベージュの石壁という一風変わった建物がある。フランスのブルターニュ地方の建築様式を取り入れたというこのヴェルニー記念館には、三トンスチームハンマー（総重量一八・四トン）が展示されている。スチームハンマーは、蒸気の力で大型の鉄槌を上下させ、金属を加工する工作機械である。横須賀製鉄所ではさまざまな工作機械が使用されたが、このスチームハンマーもそのうちの一つで、アメリカ海軍横須賀基地の艦船修理廠で継続使用されていたものを横須賀市が買い取り、展示しているのである。

図24　スチームハンマー
（ヴェルニー記念館）

図25　スチームハンマー刻印
（ヴェルニー記念館）

重厚なフォルムに圧倒されつつ、見上げた視線をふと下に移すと、その本体に「INTERNATIONALE CREDIET-EN HANDELS-VEREENIGING ROTTERDAM 1865」（ロッテルダム国際金融・商事連合株式会社１８６５）という銘があることに気づく。

軍艦頭取の肥田浜五郎がオランダで買い付けた工作機械のリストをみると、確かに三トンスチームハンマーの記載がみえる（「横須賀製鉄所一件」）。それがヴェルニー記念館に展示されているものとまったく同一かどうかは判然としないが、少なくとも同時期に製造されたものであることは間違いない。

横浜・横須賀の両製鉄所の建設は、フランスとの技術協力によって実現したものである。それでは、なぜオランダ製のスチームハンマーが購入されることになったのだろうか。

じつは幕府のなかには、長年交際してきたオランダに技術協力を依頼しようとする動きがあった。

もうひとつの製鉄所建設計画

文久二年（一八六二）四月に江戸近郊での製鉄所建設計画が復活すると、その翌月、勘定奉行松平康正、外国奉行岡部長常らは製鉄所建設候補地の選定のため、長崎からオランダ人技師を「朝陽」で呼び寄せたいと幕閣に上申し、許可を得ている（「横須賀製鉄所一件」）。フランスとの協議が本格化する半年ほど前に、オランダとの技術協力が計画されていたことになる。実際にオランダ人技師が派遣されたかどうかは不明だが、元治元年（一八六四）十一月三日、肥田浜五郎は工作機械の買付けのためオランダ・イギリスに渡っている。これはオランダとの技術協力路線に基づいた動きと考えられる。少なくとも幕府の技術協力路線は、フランスに一本化されたものではなかったのである。

しかし、肥田が渡欧した翌日には、前述のように横須賀・船越沖の測量が行われ、小栗忠順・栗本鋤雲らを中心とするフランスとの技術協力路線が優勢になり、横須賀製鉄所建設が決定したのであった。

オランダに渡った肥田は、石川島・越中島周辺に製鉄所を建設する考えであった。そのため、帰国後の慶応二年（一八六六）八月、すでに横浜・横須賀両製鉄所が建設されていたにもかかわらず、石川島・越中島周辺に製鉄所を置くべきだと主張しているが、全体的な史』）。肥田が言うには、横須賀は海岸が広く、大型船の入港には適しているが、全体的な地形を勘案すると、換えがたい「凶害」があるという。湾の奥行きがないため海上から砲撃されやすく、砲台を築造したとしても防衛することは難しいというのである。よって石川島・越中島周辺に製鉄所を移設するべきだと肥田は提案する。同所は品川沖から三里（約一二キロ）程に位置しているので敵船の砲弾が製鉄所に着弾する心配がないし、もし製鉄所が敵の手に落ちたとしても、それは江戸湾最深部の陥落、つまり戦局の終焉、敗北を意味するから防衛上の問題はないということが利点である。とはいえ、石川島周辺にも海底が遠浅で大型船の入港には不便という欠点がある。この問題については、オランダで購入した「バッヘルモーレン」（水底を浚う蒸気機械）を使って澪を掘り、掘った土で土手や水門を築くことで解決できるという。

肥田の主張は渡欧経験に基づくもので、技術的な裏付けもあったが、すでに横浜・横須賀両製鉄所を建設していた幕閣に採用されることはなかった。

以上のような動きをたどると、製鉄所建設をめぐる複数の技術協力路線の存在が浮かび上がってくる。オランダとの技術協力路線は石川島・越中島周辺に製鉄所を置こうとする肥田の構想と結びついており、フランスとの技術協力路線は横須賀・長浦・船越などに製鉄所を置こうとする栗本・小栗らの構想と結びついていた。幕府の製鉄所建設計画は紆余曲折を経ながらも、最終的にはフランスとの技術協力路線に基づく横浜・横須賀製鉄所建設というかたちで実現したのである。

機械を買い求める武士

慶応元年（一八六五）四月二十五日、製鉄所建設に伴い、幕府は工作機械の買付けのため、フランス・イギリスに幕臣を派遣することとした。全権委員に選ばれたのは外国奉行の柴田剛中（しばたたけなか）である。柴田には文久遣欧使節の一員として渡欧し、開市開港延期交渉に参加した経験があった。柴田一行は五月五日に横浜を出港し、七月六日にフランスのマルセイユに到着している。翌日ヴェルニーと面会し、九日から十二日にかけてツーロンの製鉄所などを見学した。十五日にはすでに渡欧していた肥田浜五郎、軍艦組布施鉉吉郎（ふせげんきちろう）とリヨンで合流している。肥田はオランダ製・イギリス製の工作機械の買付けにあたっていたところ、横須賀製鉄所の建設、フランス人技術者の日本派遣の報に接し、さらに柴田に同行するようにという幕命を受け、布施を伴い急遽駆けつけたのである。

横須賀製鉄所で使用する工作機械買付けの経緯を分析した安池尋幸氏の論考によれば、柴田は肥田にイギリスでの買付け中止を指示したが、それに反して肥田はオランダの会社の顧問技師デウィットを通じて買付けを継続していたという（安池尋幸「横須賀製鉄所創始期における機械類購入の経緯」）。工作機械買付けをめぐる幕府内での路線対立をうかがわせる。

結局、肥田が買い付けた工作機械はヴェルニーに引き渡され、柴田が買い付けた工作機械とともに横須賀製鉄所で使用されることになった。こうして横須賀製鉄所ではフランス製・オランダ製・イギリス製など、多様な工作機械が並置されることになった。

前述したヴェルニー記念館の三トンスチームハンマーも、そうした流れの中で購入されたものである。

外国人からの売り込み

横浜・横須賀両製鉄所の建設は、外国人にとって大きなビジネスチャンスであった。柴田剛中の日記をみると、パリ滞在中、名も知らぬ海軍士官から海軍の書籍や海底に潜るための「トムカラス」という道具の購入、商人から海軍関連の機械の購入や寄付を求められている（『西洋見聞集』）。

柴田はパリ滞在中の様子を書翰に認めて同僚である国元の外国奉行山口直毅（やまぐちなおき）らに伝えている（「横須賀製鉄所一件」）。

この度の御使は御国へ器械御取り開きこれ有り候との由伝承いたし、其の筋の職人・商人等パレイス府内（パリ市街）のものは勿論、近郊・近在等より当府旅店等へ止宿罷り在り（まかりあり）、其の身の御雇入れを願い、新製の器械類御買上げを願い候ものおびただしく、種々の功能を認め候書付持参し候輩、日々のごとくこれ有り、右等御雇入れに相成り候はば、職々容易に相揃い申すべく候えども、何れも不安心の巨魁にこれ有り候趣、左もこれ有るべき事と存じ候

この書翰によると、柴田たち一行が機械を買い求めていることを聞きつけ、外国の職人・商人たちがパリの旅館に宿泊し、自分たちの雇用や新製品の機械をひっきりなしに売り込んできたとある。しかし、柴田は彼らを雇用すれば製鉄所で働く職人を容易に揃えることができるものの、不安が大きいと述べており、故国から遠く離れた異国の地にあり、面識のない外国人たちのセールストークにかなりの警戒心を抱いている。

さらに国元においても、利にさとい外国商人たちからのセールス攻勢があった。横須賀製鉄所の鍬入式を間近に控えた慶応元年九月四日、老中水野忠精のもとにアメリカ公使

ポートマンから、同国商人T・ホッグと造船技師カーパスによる浮きドック建設の照会があった（「横須賀製鉄所一件」）。ポートマンはホッグらが商人・船主のために金沢（神奈川県横浜市）近郊の「コキンボ浦」（所在地不明）に浮きドックを建設したいとして、同所の拝借を提案してきたのである。この提案を検討した外国奉行は、「コキンボ浦」の位置を不明としながらも、製鉄所の建設地である横須賀近郊に浮きドックを置く必要はなく、開港地以外の土地の貸借は他の諸外国にも影響することなので、今回の浮きドック建設の売り込みは断るべきだと答申し、水野はポートマンに断りの書翰を送っている。

これで浮きドック建設案はいったん白紙になったが、横須賀製鉄所起工後の慶応二年（一八六六）正月七日、ポートマンは再び横須賀近郊の借地を求めてきた。ある外国人がドライドックを建設するために横須賀近郊の借地を願い出たという話を聞きつけての対応であった。しかし、そのような事実はなく、横須賀製鉄所の起工に伴って生じたうわさ話に過ぎなかった。念のため外国奉行が神奈川奉行に確認したところ、昨年十一月にイギリス公使と話し合った時にそうしたうわさ話に関する問い合わせがあったことが判明した。イギリス・アメリカの駐日公使たちの間で幕府による外国人への土地の貸与やドック建設の許可といったうわさ話が広まっていたのである。

このようなうわさ話に外国公使が敏感に反応したこと、またうわさ話が生じたこと自体、外国人たちの売り込み意欲がいかに高いものであったかを物語っているといえるだろう。

機械文明に触れる

柴田一行は、工作機械の買付けだけでなく、さまざまな海軍関連施設を視察している。ブリュターニュ半島の軍港ブレストの海軍造兵廠、同半島南岸の港ロリアンの造船場、ロワール川沿いの町アンドレの海軍兵器廠、同川河口の港サン・ナゼールの造船場、工業都市アングーレームの海軍大砲鋳砲所、ヴィエンヌ川沿いの町シャテルローの小銃鋳造場など、ヴェルニーらの案内によって機械類の数・機能の詳細を確認した。

フランス各所の視察を終えた柴田一行は、慶応元年（一八六五）十月二十一日にパリを発ち、ドーバー海峡を渡ってロンドンに到着した。ロンドンではウーリッジ造船局を訪れ、海軍士官の案内で蒸気機械やボイラー室、ドック・鉄船・各種工作場を見学したほか、貨幣局、グリニッジの鋳砲所、ロンドンドック、病院などを視察している。十一月五日、柴田一行は汽車で軍港ポーツマスに移動し、海軍局で建造中の鉄船を見学している。

十一月十八日にロンドンを発してパリに戻った一行は、十二月三日にマルセイユを発ち、慶応二年（一八六六）正月二十六日、無事に横浜へと帰着した。

フランス・イギリスの先進的な機械文明に触れた柴田一行は、横浜・横須賀両製鉄所を拠点に国内への機械技術の導入を進めていこうと思いを新たにしたことだろう。しかし、西洋の機械文明の導入は、海軍・艦船の円滑な運用を保証すると同時に、自然環境や人びとの生活環境、経済などに変化を促すものでもあった。大局的にみれば急速に機械工業化が進展していったという評価に異論はないが、局所的にみればその過程ではさまざまな問題が生じており、そのことを等閑視するわけにはいかない。新たに生じる問題への対応の積み重ね、そのこと自体が機械工業化を進展させた要件だからである。以下では、横須賀製鉄所建設に伴い生じた問題とその対応の実態について確認しておこう。

埋立工事と寄場人足

慶応元年（一八六五）九月二十七日、横須賀製鉄所の鍬入式が行われ、建設工事が始まった。当初の製鉄所建設計画では、地所が狭いため製鉄所建設には適さないとされていた横須賀であったが、山地を削り、その土石などを使って内浦・白仙（はくせん）・三賀保（みかほ）の三つの浦を埋め立てることで地所を広げた。横須賀村の地形は製鉄所建設に伴い、大きくその姿を変えていったのである。以後、継続的に整備が進み、横須賀はさまざまな機械工場・関連施設が建ち並ぶ一大軍港へと発展していくことになった。

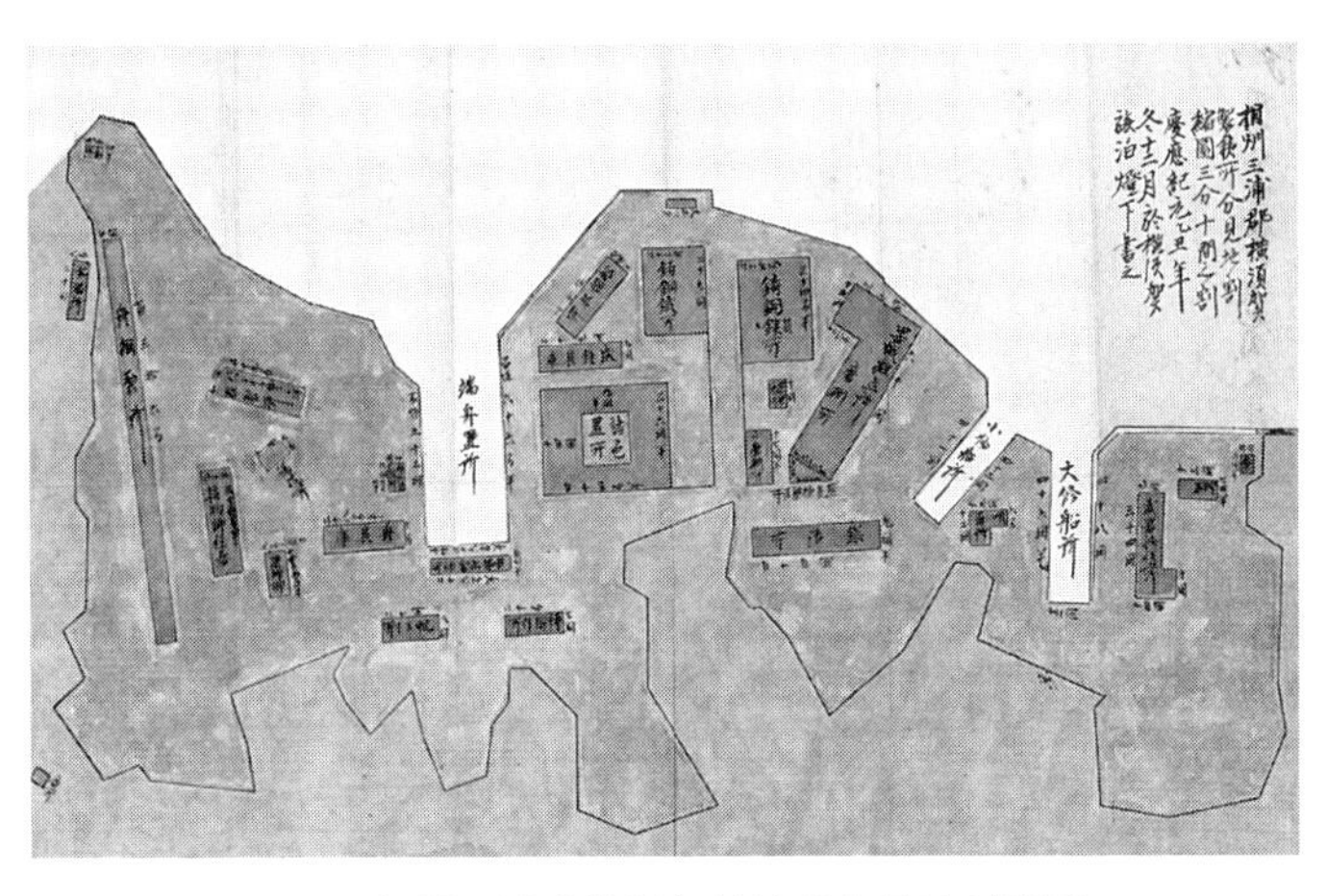

図26　相州三浦郡横須賀製鉄所分見地割縮図
（横須賀市自然・人文博物館所蔵）

横須賀製鉄所の建設工事には民間請負業者が入札を経て参入し、彼らを通じて多くの労働力が提供された。そうした民間請負業者の中には、製鉄所近郊に新たに外国人相手の遊参所（遊女屋）を建設した公郷（くごう）村（神奈川県横須賀市）名主永嶋庄兵衛など、周辺地域の有力者の名前もあった。

他方、人足賃高騰のため、慶応元年九月から翌年十一月にかけて石川島人足寄場から少なくとも一一一人の寄場人足が現場に派遣されている（国立公文書館所蔵江戸城多聞櫓文書）。石川島人足寄場は寛政二年（一七九〇）に犯罪者の更生を主目的に設置された収容施設であるが、横須賀製鉄所建設の労働力を補充するため、急遽人足の派遣に応じたのであった。横須賀村が他所からこれほどの労働力を一手に受け入れたことは、近世を通じてなかったことであろう。とはいえ、寄場人足がきっちりと労働に従事するとは限らず、逃亡する恐れもあったので、幕府は横須賀周辺村むらに寄場人足の着衣を記した触書を出すなど、逃亡人足の取締りを強化している（『神奈川県史』資料編一〇、近世七）。

船材の需要

幕府は横浜・横須賀両製鉄所を建設したことで、大型艦船の国産化に踏み切る予定であったが、そのためには船体をつくる大量の木材（船材）が必要になる。慶応元年（一八六五）三月、製鉄所掛の勘定奉行小栗忠順、外国奉行柴田剛中、目付栗本鋤雲、軍艦奉行木下謹吾らは艦船国産に伴う船材の問題について、以下のように上申している（「横須賀製鉄所一件」）。

横須賀製鉄所が建設されたならば、大型艦船は容易に建造できる。建造に使用する木材は必需品なので、御林（幕府直轄の山林）のなかから大材を選んで伐採し、諸国の山林からも買い上げて適地に保管しておく。そうすれば、まず四、五艘くらいを支障なく建造できるが、計画的に伐採せずに新材を用いた場合、船体の保持に不都合なので、二、三年保管して「木渋」（タンニン）を十分に除去してから用いるようにしたい。そこで今から対応しておくべきである。大型艦船の建造にあたっては大材だけを伐採するが、木材は数百年を経なければ大材に生長しない。現在、建造に使用できる大材の数は限られており、船体となる木材はどれほど手入れしても二、三〇年以内には腐朽する。木材の生長年数と比較すれば、大材を伐採しつくしてしまうことになる。こうしたことから、製鉄所掛は長期的、計画的な船材の養育・管理が必要だと主張するが、それは機械工業化による生産効率の上昇が自然環境に大きな影響を及ぼすことを十分に認識していたからこその言である。それでは製鉄所掛が構想する船材収集・管理の体制とは、どのようなものだろうか。

まず船材収集の流れは以下の通りである。①御林から大材を伐採したり、また幕領の百姓所持の山、私領の山林などの大材を購入する計画を立てる。②フランス人にフリゲート・コルベットなどの船材の形状・寸法などを確認する。③確認した船材情報に基づいて勘定所が船材を収集する。

次に管理体制については、御林の船材は勘定所が管理し、諸木の苗木の植付けや生育の計画・規則も勘定所が定めるとし、幕領の百姓所持の山、私領の山林などはすぐに仕法を立てることはできないので、まずは船材買上げの触書を出すとしている。

製鉄所掛の計画は、幕府が管理する御林以外にも、百姓の所持地、私領にまで船材の確保を促すものであり、艦船国産の体制を全国的に整備しようとするものであった。

横浜製鉄所首長ドロートルも木下に対して同様の見解を示しており、そのことも製鉄所掛の主張に根拠を与えた。「数年切らざる赤松・松・檜木・栗・樫・楠・椎・赤樫」は「最も要用の木なり」とドロートルは船材管理の重要性を述べているが、その中で木材の適性についても指摘している。すなわち、赤松・松・檜は船上の道具や桁（けた）・梯（はしご）あるいは水面下の板に、栗は外装や内装に、槻（つき）の大材は棟木（むなぎ）・煙檣（えんしょう）や船体のキールなどに、楠は栗と槻の代わりに、赤樫・椎は大砲の車台や轆轤縄台など摩擦や圧力を受ける箇所に用いるのに適しているという（「横須賀製鉄所一件」）。

船材の収集

それでは、幕府はどの程度の船材を収集したのだろうか。国立公文書館所蔵江戸城多聞櫓文書には、勘定奉行小栗忠順、同並小野友五郎らが慶応三年（一八六七）十月に作成した書付が残されている。それによると、御林から伐採した楠・槻・楢（なら）・椚（くぬぎ）・松・杉合計一九六一本、ほかに購入した一一五〇本を横須賀製鉄所に引き渡し、その代金二万四三七九両余を「製鉄所惣御入用金高」から支出したとある。また、必要に応じて使用できる船材をあらかじめ確保しておくために、①百姓所持の山などから檜・杉・松・槻・赤松・楠・椚合計六五四一本を購入、②相模・伊豆・駿河・甲斐国のうち五か村の御林から赤松・杉・槻合計三三〇〇本余を伐採、③檜・杉・槻・松合計三五〇〇本余を購入、④下野・甲斐国のうち二か村から檜・杉三〇本の献上を受けていることを確認できる。

横須賀製鉄所の建設は艦船国産化の期待を高め、船材の需要を拡大させた。製鉄所掛は船材の大量消費を見込んで船材の収集・管理の体制構築を提案した。その後、提案通りに勘定方による船材の収集・管理が進められたが、幕府が横須賀製鉄所で建造した艦船は管見の限り小型蒸気船「横須賀」一艘に止まり、当初想定していたほどの国産化は実現しなかった。

ただし、そのことで船材の需要が頭打ちになったとは考えにくい。浦賀軍艦作事場での「咸臨」修復に際しては、軍艦操練所御用達大野屋五右衛門に伊豆国での木材の調達が命じられている（『逗子市誌』第五集、小坪文書下）。勘定方が収集した船材も、もっぱら幕府の蒸気船や外国船の修復に転用されたと考えられる。

内戦下の海軍

幕長戦争における海軍の激突

対外的危機を克服するために幕府が創設した海軍は、人や物資の輸送をはじめ、開港地の警衛や小笠原島の調査など、さまざまな活動を展開したが、幕長戦争・戊辰戦争という内戦が勃発するに及んで、その軍事力としての本質を顕在化させることになった。本章では内戦下における海軍の動向を追跡していきたい。

幕長戦争勃発

元治元年（一八六四）八月、徳川家茂は禁門の変で朝敵となった長州藩を処罰するため、諸藩に出兵を命じ、紀州藩主徳川茂承を征長総督、越前藩主松平茂昭を副総督に任命した。征長総督はその後、前尾張藩主徳川慶勝に代わり、十一月十六日、本営である広島の国泰寺に入った。長州藩ではひたすら幕府に恭順の意を示す保守派が台頭して藩政の主導権を握り、益田右衛門介・国司信濃・福原越後の三家老を切腹させ、幕府と講和を結んだ。

しかし、下関に亡命していた急進派の高杉晋作が功山寺で挙兵して伊崎新地（山口県下関市）の会所を襲撃すると、奇兵隊などの諸隊もこれに呼応し、長州藩の内訌は激しさを増していった。高杉は三田尻で「癸亥」「庚申」「丙辰」を奪取し、海軍力の獲得に成功した。以後、長州藩は、表向きは幕府に恭順の姿勢を示しつつ、その裏では幕府軍の領内侵攻に備えて軍備増強を進めるという武備恭順の方針をとった。

慶応元年（一八六五）五月十六日、処分の徹底を求める幕府は長州討伐の軍勢を発した。軍装に身を包んだ将軍徳川家茂がみずから軍勢を率いて東海道を進み、閏五月二十二日、入京した。この時、蒸気船で海路を進まなかったのは、下関砲撃事件の賠償を要求する諸外国の艦船が横浜沖に集結していたためである。第一次将軍上洛が陸路に変更になった時と同様、海路の安全を確保することができなかったのである。参内を済ませた家茂は大坂城に移り、長州再征の勅許を得た。

長州藩では藩主毛利敬親が幕府軍の領内侵攻に対する徹底抗戦を命じるとともに、土佐脱藩の坂本龍馬と中岡慎太郎を介してイギリス商人T・グラバーから薩摩藩名義で小銃と木製蒸気船「ユニオン」（「桜島」のち「乙丑」と改称）を購入し、軍備を整えていた。慶応二年（一八六六）正月には坂本・中岡を介して長州藩の桂小五郎と薩摩藩の西郷隆盛との間で対幕府開戦時の行動方針が確認されるなど、両藩の融和的関係はさらに深まっていった。いわゆる「薩長同盟」（連合・盟約・提携とも）である。長州藩は幕府からの処分内容の受諾を拒否したため、家茂は長州藩領への出兵を命じ、第二次幕長戦争が始まった。

この戦争は、長州藩領に至る大島口・芸州口・石州口・小倉口が戦場になったことから「四境戦争」とも呼ばれる。とくに大島口・小倉口の戦いでは、幕府と長州藩の海軍が重要な役割を果たし、戦局を左右した。幕長戦争は、西洋軍制を取り入れた勢力同士による、新しい段階の戦争であった。

幕長戦争の展開過程については、『防長回天史（ぼうちょうかいてんし）』が基礎史料とされてきたが、近年では長州藩・幕府・諸藩の諸史料を体系的に収録した『山口県史』史料編幕末維新四が刊行されたことで実証分析が進展している。とりわけ三宅紹宣氏の『幕長戦争』（吉川弘文館、二〇一三年）は、多角的視点から戦争の実態を復元した労作である。これら先学の成果に学びつつ、本書では幕府海軍の動向に絞って論を進めていきたい。

口火を切った幕府海軍

第二次幕長戦争の口火を切ったのは幕府海軍による砲撃であった。広島城下に布陣した幕府軍は、長州藩領へと進軍する足がかりとして、まずは大島（山口県周防大島町）の奪取を企図する。大島は周防大島あるいは屋代島とも呼ばれ、安芸灘・伊予灘・周防灘に囲まれた海上交通の要衝であり、中央から西部にかけては文殊山・嘉納山・源明山・嵩山などの山々が連なる。幕府軍がここを押さえれば、長州藩領に随時兵員を送り込むことが可能になる。幕府海軍は「富士山」「翔鶴」「大江」「長崎」「旭日」などの配備を決定するとともに、「八雲」（松江藩）、「明光」（紀州藩）、「震天」（広島藩）といった諸藩の艦船も動員した。圧倒的な海軍力を誇る幕府軍からすれば、大島奪取は当然の戦略であった。

慶応二年（一八六六）六月五日、「翔鶴」「八雲」が幕府陸軍数百人を広島城下から厳島（広島県廿日市市）に移送し、大島攻略の体制が整えられた。七日、「長崎」が上関沖（山口県上関町）から室津（同）の海岸や人家に向けて大砲四発を撃ち込むと、午前十時頃には大島南部の安下庄沖に移動して、空砲を含む大砲四発を放ち、伊予国大洲（愛媛県大洲市）方面に向かった。「長崎」の攻撃は威力偵察程度であり、本格的な攻撃が始まったのは翌日のことであった。

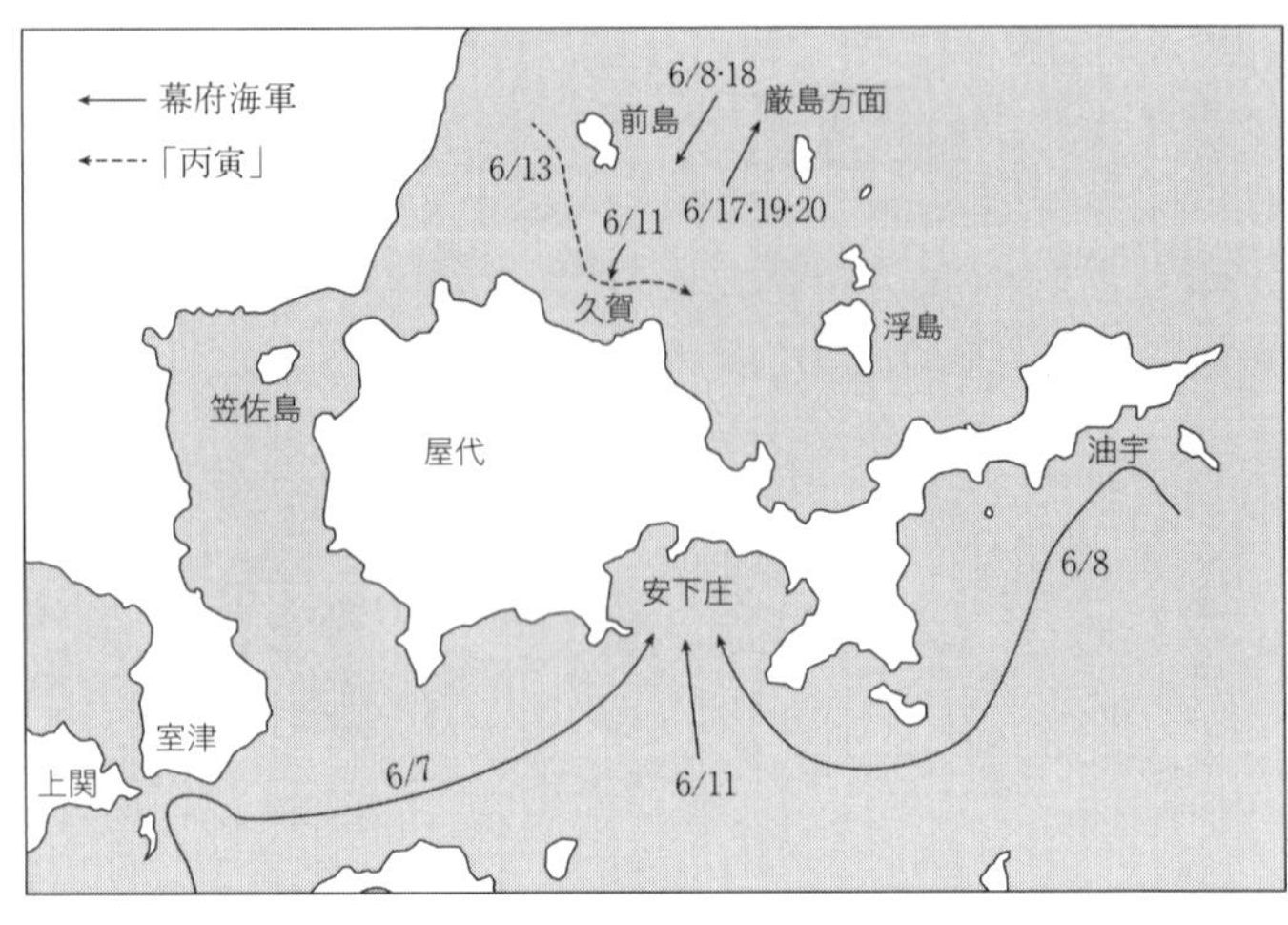

図27　大島口の戦いにおける海軍の動き

八日午前七時頃、幕府蒸気船二艘（「富士山」「翔鶴」カ）は油宇（ゆう）村沖（山口県周防大島町）から大砲五、六発を民家に砲撃し、商船一〇艘に乗船していた幕府側の松山藩軍一五〇人が上陸した。安下庄に向かった「富士山」「翔鶴」は大砲一七、八発を沿岸の民家へ打ち込み、午前九時頃に退去した。幕府海軍による攻勢はさらに続く。午後四時頃、「富士山」「翔鶴」「八雲」「旭日」と商船数艘を厳島方面から大島沖に展開し、「富士山」「翔鶴」で大島北部の久賀村沿岸に大砲数十発を撃ち込んだのである。長州藩軍からの反撃がなかったため、乗艦の幕府陸軍を大島に上陸させようとする意見もあったが、一大隊では少数であり、敵の策略に陥る危険もあったので、この日の上陸は見送られた。

大島上陸戦

九日夜、「翔鶴」「八雲」は厳島まで戻って幕府陸軍の歩兵一大隊・歩兵奉行・歩兵頭・騎兵組を乗せて、翌十日午後四時頃、大島の北に位置する前島（山口県周防大島町）に移送して大島上陸の準備を進めた（『藤岡屋日記』）。十一日午前六時、「翔鶴」が「旭日」を曳航して大島海岸に進み、久賀村に砲撃を開始した。やがて蒸気機関を稼働させた「八雲」も海岸近くまで進んで砲撃に加わった。幕府騎兵組由利信易は、陸軍の撒兵隊と海軍の「翔鶴」の働きがこの日一番、「抜群」であったと記録している（同）。

「翔鶴」「旭日」「八雲」が焼夷弾・実弾を数十発を撃ち込む中、幕府軍四小隊が端船で久賀村に上陸し、午後二時過ぎまで銃撃戦を行った。長州藩軍は予想外の地点に幕府歩兵隊が上陸したことから、人家に潜伏して銃撃する戦法をとった。そこで幕府海軍が人家に放火したため、長州藩軍は山上へと退避した。

一方、松山藩軍を乗せた「富士山」「大江」は同日午前七時頃、和船六十余艘とともに安下庄を攻撃している。上陸した松山藩軍が民家に放火したところ、陣屋から反撃があったため、海上の「富士山」は一〇〇斤砲で援護射撃を行った。

幕府軍は北部の久賀村と南部の安下庄、双方から大島を制圧しようとしたわけだが、この挟撃作戦は圧倒的な火力と機動力を誇る幕府海軍の存在なしには成立しなかった。

「丙寅」の奇襲と長州藩軍の反攻

幕府軍による大島制圧が進む中、長州藩は海軍御用掛・海軍総督の高杉晋作に軍艦「丙寅（へいいん）」での大島出撃を命じた。高杉乗艦の「丙寅」は三田尻を出船し（十一日）、遠崎沖（山口県柳井市）を経由して（十二日午後十二時頃）、幕府海軍が停泊する大島沖へと向かった。

十三日未明、「丙寅」は前島や久賀村に向けて二、三発砲撃すると、「八雲」「旭日」と砲撃戦を展開して「旭日」を若干破損させた。「翔鶴」「八雲」が蒸気機関を稼働させて反撃に転じようとする間に、「丙寅」は東に向けて大島沖を退去していった。幕府海軍は襲撃した蒸気船が長州藩の軍艦だと断定できなかったため、対応が遅れたのである。ようやく蒸気機関を稼働させた「翔鶴」「八雲」は、「丙寅」の行方を追ったが、その姿を捉えることはできなかった。なお、幕府海軍からの反撃がなかったにもかかわらず、「丙寅」が早々に退去したのは、伊予沖に移動していた「富士山」が戻って航路を塞がれてしまうことを懸念していたからである（『奇兵隊日記』二）。

「丙寅」の奇襲は幕府海軍に甚大な被害を与えるものではなかったが、これを機に長州藩軍の指揮は高まりをみせた（三宅紹宣『幕長戦争』）。十五日、第二奇兵隊・浩武隊などの長州藩軍が大島に上陸し、幕府軍と銃撃戦を展開した。長州藩軍による本格的な反攻が始まったのである。

大島の戦闘で陸軍が苦戦しているとの報告を受けた厳島沖の幕府艦船（「富士山」カ）は午後三時頃に出船、午後五時頃に大島に着船すると、直ちに三〇斤砲で海上から山上の長州藩軍に対して砲撃を加えた（『新聞薈叢』、『山口県史』史料編幕末維新四）。十六日、安下庄の松山藩軍は三手に分かれて山上に攻め込んだが、長州藩軍の第二奇兵隊などとの銃撃戦に敗れ、撤退した。一方、久賀村では幕府海軍が陸軍に一二斤砲を渡すなど、長州藩軍を迎撃する態勢を整えていたが、幕府騎兵組由利信易が「安下の庄辺一戦これ有り候や、絶えず大小砲の音聞ゆる」（『山口県史』史料編幕末維新四）と記すように、山を隔てて反対側に位置する安下庄の戦局を把握できていない。幕府軍と松山藩軍は、連動した軍事行動をとれていなかったのである。

久賀村の攻防

十七日、久賀村の幕府陸軍二大隊八〇〇〇人余は孤立し、援兵が見込めない状態で長州藩軍一万三〇〇〇人余と対峙することになった。討ち死を覚悟して銃撃戦を展開していたところ、夕方になって「翔鶴」「富士山」「旭日」が久賀村沖に現れ、山上に向けて六〇斤砲などで午後五時頃まで砲撃を加えた。幕府陸軍の認識では「敵敗軍に及び、残らず山上また何れえか逃げ去る。陸軍三兵の働き、且つまた御軍艦の働き抜群ゆへ、味方わずかの兵にて今日も勝利に相成る」と幕府軍勝利としているが、第二奇兵隊の認識では「ついに賊兵（幕府軍）敗衄（はいじく）乗船に付き、追々味方も繰り揚げ候事」と幕府軍を打ち負かしたとしている（『山口県史』史料編幕末維新四）。

いずれにせよ、幕府軍にとって大島の戦局は芳しいものではなく、この日の夜、歩兵頭戸田勝強（とだかつきよ）は幕府海軍に厳島から援兵を移送してきてほしいと依頼している。これを受けて「翔鶴」が午後十一時頃、厳島に向けて出船し、翌十八日午前五時頃、厳島に着船した。「翔鶴」に乗艦していた軍艦頭取の佐々倉桐太郎と井上新八郎は、安芸国大野村（広島県廿日市市）の歩兵隊に援兵を頼んだ。昼過ぎになり、ようやく歩兵頭並井上敬次郎（啓次郎）が一大隊を引き連れてきたので、午後四時頃、「翔鶴」は厳島を出船し、未明にかけて大島に着船すると援兵を上陸させた。

ところが十九日、幕府陸軍は大島口の戦局挽回を断念して撤退を開始する。圧倒的な海軍力を誇った幕府軍であったが、大島口の戦いは敗北に終わったのである。

艦長肥田浜五郎率いる「富士山」は幕府騎兵組を収容して「旭日」を曳航し、「翔鶴」

「長崎」は幕府歩兵隊を収容して道具・人足を乗せた小船二艘を曳航し、二十日までに広島へと撤退している。

その後、幕府軍艦は小倉沖に配備されるが、これは長州藩の海軍が田野浦・門司沖（福岡県北九州市）を襲撃したためである。長州藩海軍の攻撃により小倉口の戦いが始まり、幕長戦争は新たな局面を迎えることになる。

小倉口の戦いと海軍

六月十六日、長州藩は前年に購入していた「乙丑」（「ユニオン」）を下関で坂本龍馬から受け取ると、十七日、「丙寅」「癸亥」「丙辰」を田野浦沖、「乙丑」「庚申」を門司沖に展開し、幕府支援の小倉藩の軍事拠点に向けて砲撃を開始した。小倉藩軍が台場から応戦する中、「丙寅」が田野浦の東方から報国隊を上陸させ、奇兵隊も壇ノ浦（山口県下関市）から小倉藩軍の本陣に攻め掛かった。「丙寅」「癸亥」「丙辰」は田野浦港内に入り、小倉藩兵や兵糧を乗せていた和船二〇〇艘余を焼き払った。長州藩軍は田野浦・門司の軍事拠点を占拠し、武器・弾薬を奪い取り、人家に放火した。

この日の長州藩海軍の海上砲撃はすさまじく、「癸亥」は三〇〇発、「庚申」「丙寅」「丙辰」は二〇〇発を撃ちかけている。「癸亥」が多少被弾して、乗艦の士官山崎与茂が死亡、水主七、八人が負傷したが、その他の艦船では若干の軽傷者が出た程度であった（『山口県史』史料編幕末維新四）。

大島口の戦いで敗れた幕府軍を広島に移送した「翔鶴」は兵庫に戻っていたが、二十四日に同所を出船し、翌二十五日、豊前国沓尾（くつお）（福岡県行橋市）で「富士山」と合流した（『新聞薈叢』）。同所にはすでに別の軍艦一艘（「長崎」あるいは「順動」）が着船しており、沓尾村大庄屋から田野浦の戦局や諸藩軍の様子を聞き取るなど情報収集にあたっていた（『山口県史』史料編幕末維新四）。小倉口総督の老中小笠原長行（おがさわらながみち）の命を受け、「富士山」「翔鶴」も二十八日には小倉沖に至り、すでに着船していた「順動」と合流した。

図28　門　司　沖

長州藩はそうした幕府海軍の動きを静観していたわけではない。二十七日、幕府海軍の「長崎」が東方から下関沖に乗り入れた時には、沿岸の台場から大砲六、七発を撃ち込ん

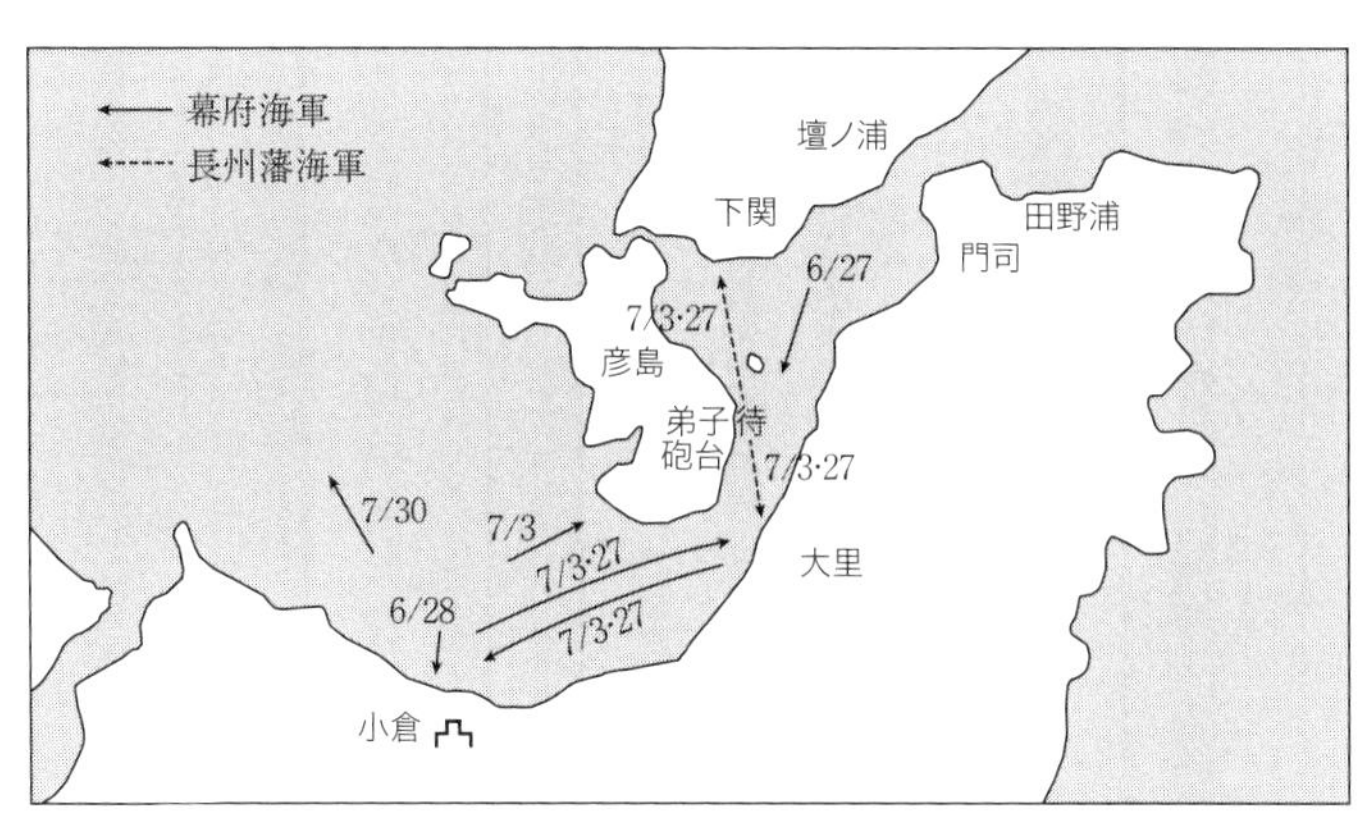

図29　小倉口の戦いにおける海軍の動き

でいる。「長崎」は被弾せず、長崎方面に向かっていったが、幕府海軍の行動を制限する効果はあったと思われる。また二十八日には幕府海軍が大島口と小倉口のほぼ中間に位置する豊後国姫島（大分県姫島村）に蓄えていた石炭二〇〇万斤を燃やし、幕府海軍の動力源を削減している（『新聞薈叢』）。それだけ長州藩軍は幕府海軍を警戒していたのである。

小倉口の海戦

七月三日午前三時二十分頃、所属不明の小船が「翔鶴」に近付いてきた。「翔鶴」の乗組員が「何方の船なるか」と尋問すると、「富士山」を指さし、「あの船から用事があるとのことで呼び出された」と答えて去っていった。間もなく小船は大砲を「富士山」に撃ち込み、下関方面へと逃げ去った。急な事態に「翔鶴」は合図の鐘を鳴らし、蒸気機関を稼働させて銃撃を試みたが、小船を見失ってしまった（『新聞薈叢』）。小船は長州藩軍が放ったもので、海軍と報国隊の中から選抜した五、六人を荷船に乗せ、一四メートル前後の距離から一斉に砲撃し、「富士山」の蒸気機関を破壊しようと試みたのである（『山口県史』史料編幕末維新四）。蒸気機関を破壊することはできなかったものの、これが長州藩軍による攻撃の口火となった。

「富士山」への砲声を聞いた長州藩軍は、彦島台場からの砲撃を開始した。「丙寅」は午前七時頃に「丙辰」を曳航しつつ、大里沖（福岡県北九州市）へと移動した。「庚申」は風向きや潮流が悪かったため、小船数十艘に曳航されて下関南端の彦島沖（山口県下関市）に停泊していた。そうしたところ、小倉沖に停泊していた「富士山」「順動」「翔鶴」が大里沖に移動してきたことで幕府海軍と長州藩海軍による本格的な海戦が展開することになった。

危険を避けて大里砲台の東沖に待機した「丙辰」を横目に、「富士山」と「丙寅」との間で激しい砲撃戦が行われた。「翔鶴」と「庚申」との交戦では、双方約三六メートルの距離を隔て、「翔鶴」から二〇発程度、「庚申」から一一斤砲一一発の砲撃がなされた。「庚申」の炸裂弾三発が「翔鶴」の甲板を飛び越え、約九メートルほど後方で炸裂する中、「富士山」からの砲撃が突然止んだ。不審に思った「翔鶴」乗艦の佐々倉桐太郎が端船で「富士山」まで出向いたところ、艦内で大砲が暴発し、死傷者が出ていることが判明した。「順動」が二、三発被弾したこともあり、幕府海軍は小倉沖まで一旦退去した。午後になって「翔鶴」が彦島への砲撃を開始するが、長州藩軍に大きな被害はなかった。長州藩海軍は午後十二時頃から四時頃までの間に下関沖まで退去し、海軍同士の海戦は幕を閉じた。幕府海軍は艦船の性能面において長州藩軍を上回っていたが、それを有効活用することができず、戦局を優位に展開することができなかったのである。

ふたたび海軍同士の海戦が行われたのは、七月二十七日のことである。長州藩軍は門司近郊から上陸して大里沿岸を進軍し、小倉城を攻め落とそうとしていた。そのために長州藩海軍の援護射撃は必要不可欠であった。午前五時頃、長州藩軍は彦島台場か

図30　彦島沿岸

らの砲撃を開始し、続けて彦島弟子待(でしまつ)沖に「庚申」、そこから六五〇〜七六〇メートルほど隔てた沖に「癸亥」、大里沖に「丙辰」を配備し、各艦からも砲撃を開始した。「乙丑」は蒸気機関の故障のため他艦に遅れて午前十時頃、下関沖を出船して大里沖で砲撃を加えたが、蒸気機関に不具合が生じたため、すぐに下関沖まで引き返している。

一方、小倉沖の幕府海軍もすぐに出撃している。「富士山」は大里沖へと移動して左舷の三〇斤砲で彦島に向けて二発砲撃を加え（午前七時三十五分頃）、さらに「癸亥」や他の艦船を砲撃し、艦上に着弾させた（同五十四分頃）。その後、幕府海軍の最新鋭大型蒸気船「回天」が進撃し、大里に上陸した長州藩軍目がけて砲撃を開始したため、「富士山」は後方に退いて休息を取った（午前八時十分頃）。小倉藩の蒸気船「飛龍」が「回天」の近くで砲撃に加わると、長州藩海軍は彦島の影に退去していった。「飛龍」は敵地に向けて前進し、「回天」は彦島を砲撃した。午前九時四十分頃、彦島の影から長州藩の蒸気船（「癸亥」カ）が現れ、大里方面に向けて砲撃を開始したが、すぐに戻っていった。この間、柴誠一らの海軍士官が端船で「回天」「富士山」「飛龍」を行き来し、長州藩軍の動静について情報の共有化を図っている。「回天」が後方に退くと、代わって「富士山」が進撃したが（午前十時三十分頃）、台場からの砲弾が左舷近くで炸裂し、それと同時に集中砲火を浴

図31　砲火を交える「富士山」〈右〉・「飛龍」〈中央〉と長州藩軍艦〈左・「丙寅」カ〉（「征長戦絵巻」萩市所蔵）

びることとなった（午前十一時二十分頃）。「富士山」「回天」はともに小倉沖に退去して昼食を摂って戦列を整え、大里沖から三〇斤砲で長州藩軍に砲撃を加えたところ、陣中に着弾し、長州藩軍は離散した（午後一時十分頃）。さらに彦島台場にも二発を命中させ、同台場からの砲撃を止めている（午後二時三十分頃）。戦果を上げた「富士山」「回天」は小倉沖へと退去していった（午後三時頃）。なお、日暮れになり、長州藩軍が大里海岸で焚き火を始めると、それを目がけて「富士山」が三〇斤砲二発を撃ち込んでいる。

　この日の戦いにおいて長州藩軍は即死一八人、負傷者一〇〇人を数え、幕長戦争において最大の犠牲者を出した（三宅紹宣『幕長戦争』）。

　七月三十日、幕府軍と長州藩軍による激戦が続く中、小倉口総督の老中小笠原長行は「富士山」に乗艦し、突如として長崎へと退去していった。将軍徳川家茂が大坂城で死去したとの報が飛び込んできたのである。

小倉藩でも軍議が開かれ、小倉城下から撤退することが決定した。八月一日、小倉藩軍は撤退に際して小倉城に火を付けた。小倉城炎上を確認した長州藩軍は状況を把握するため、海軍の「乙丑」「丙寅」「丙辰」を出撃させた。三艦は威力偵察のため小倉藩の赤坂台場に砲撃を加えたが、反撃はなかった（午後四時頃）。小倉藩軍はその後も城下周辺に陣取って抗戦を続けたものの、慶応三年（一八六七）正月二十三日に至り講和することになった。

家茂の「御尊骸」

大坂城に詰めていた家茂は四月頃から徐々に体調を崩し、幕長戦争まっただ中の七月二十日、その短い生涯を終えた。享年二一。脚気（かっけ）であった。

九月三日、家茂の「御尊骸」を納めた棺は、安治川（あじがわ）一町目の船場から小船に載せられ、蒸気船「長鯨（ちょうげい）」が停泊する天保山（てんぽうざん）沖へと移送された。午前六時頃、軍艦頭取伴鉄太郎（ばんてつたろう）率いる「長鯨」は弔意を示す空砲を発し、午前八時頃艦内に棺を納め、午前十一時過ぎに出船した。高波のため熊野沖で多少揺れたものの、航海はおおむね順調で、四日から五日にかけて伊勢沖・遠江沖を通過し、午後五時頃浦賀を抜け、午後七時頃品川沖に着船した。翌六日、「長鯨」や長崎から江戸に移動していた「富士山」の小銃隊が周辺を警固する中、棺は大茶船に移され、午後十二時過ぎ、浜御殿の上り場に着船し、江戸城西丸へと無事に運び込まれた。

死傷者への補償

七月三日に行われた小倉口の海戦において、「富士山」の艦砲が暴発して死傷者が出たことは前述の通りであるが、幕府は戦時の死傷者に対してどのような補償を行っていたのであろうか。

まずは「富士山」の艦砲暴発で即死した水夫小頭弥八の場合をみてみよう。弥八は讃岐国塩飽（しあく）島の生まれで、水夫として長崎海軍伝習に参加するなど、幕府海軍の草創期からその活動を支えた。実直な勤務ぶりが評価されて水夫小頭となり、「富士山」に乗艦して平水夫たちの教育にあたり、横浜でのフランス士官による海軍伝習を通じて大砲の扱いにも熟練していた。そうした経歴の者が不慮の事故とはいえ空しく死んでしまうことは嘆かわしく、遺族の生活も困難であるとして、海軍奉行並・軍艦奉行らは手当金一五両、扶助米三人扶持を遺族に支給することを願い出ている（「慶応三卯年軍艦所之留」国立公文書館所蔵）。

勘定奉行らは第二次幕長戦争で戦死した歩兵、万延元年（一八六〇）の「鵬翔」沈没や「咸臨」渡米に際して死去した水夫の先例などを調べ、すでに弥八への手当金七両が小倉で支給されていることも考慮して、最終的に手当金一〇両、扶助米三人扶持を遺族に給付することにしている。同じく即死した軍艦役三等出役松村久太郎についても砲兵勤方の父銀次郎に銀一五〇枚を給付している。

次に負傷した軍艦組出役一等嶋津文三郎の場合はどうか。嶋津は豊前中津藩士であったが、海軍術・洋学に精通していたことから文久二年（一八六二）四月に軍艦組出役となった。横浜でのフランス士官による海軍伝習では大砲の取扱いや水夫たちの教育などに尽力したが、「富士山」の艦砲暴発によって深手を負ってしまった。海軍奉行並・軍艦奉行らが願い出たこともあり、嶋津は小十人格軍艦組となり、一代限り切米一〇〇俵の給付を認められた。

幕府は戦死者の遺族や傷病兵に対する補償を忘れてはいなかった。

幕府海軍の再編　小倉から撤退した幕府海軍は、組織を再編成し、立て直しを図っている。まず慶応二年（一八六六）八月五日、海軍奉行並を新設し、その下に海軍奉行並支配組頭・同支配世話取扱・同組世話役を置いた。初代海軍奉行並には陸軍奉行並小笠原長常（おがさわらながつね）が就任し、海軍奉行とともに洋式艦船の購入やイギリス・フランスによる海軍伝習計画の推進、横須賀製鉄所建設などの諸事業に携わった。同職は陸軍奉行並上席、同年十月十七日に場所高三〇〇〇石、同年十一月十七日に場所高五〇〇〇石となっている。

また、十月二十四日、士官相当の役職である軍艦頭取・軍艦組が軍艦頭・軍艦役に改組されている。軍艦頭は老中支配、騎兵頭上席、諸大夫場、場所高二〇〇〇石であり、砲兵頭矢田堀景蔵（やたぼりけいぞう）が就任して海軍奉行・同並、軍艦奉行・同並とともに幕府海軍の運営に関わる評議に参加した。軍艦役は老中支配、騎兵差図役頭取上席、場所高四〇〇俵であり、両番上席軍艦頭取の肥田浜五郎と伴鉄太郎が就任している。

慶応三年（一八六七）二月七日になると、さらに軍艦頭並が新設されて軍艦役の肥田と伴が就任し、入れ替わりで軍艦役には軍艦役勤方望月大象（もちづきたいぞう）が就任した。

こうして幕府の海軍職は、海軍奉行・同並、軍艦奉行・同並、軍艦頭・同並、軍艦役からなる体制に再編成され、戊辰戦争を迎えることになるのである。

戊辰戦争と榎本艦隊

戊辰戦争前哨戦

徳川家茂の死去により幕長戦争は休戦となったが、一大名を武力で制圧できなかった幕府の権力は大きく失墜することになった。武家政権である以上、本質的に将軍は諸大名を服属させるだけの軍事的力量を備えていなければならなかったのである。

家茂の死後、十五代将軍となった徳川慶喜（とくがわよしのぶ）は、慶応三年（一八六七）十月十四日、大政奉還の上表文を朝廷に奉呈し、その翌日、勅許された。また、将軍辞職を願い出たため、薩摩藩・長州藩などは幕府打倒の名目を失い、出兵計画の見直しを迫られることになった。こうした中で十二月九日、小御所（こごしょ）において王政復古の大号令が発せられ、新政府が誕生した。慶喜の算段では、議定という新たな役職に就き、新体制下でも実権を維持するつもりであった。しかし、新政府の中で勢力をもつ薩摩藩・長州藩は、慶喜を徹底的に政治の表舞台から排除しようと画策していた。慶喜を中心とする旧幕府勢力と薩長を中心とする新政府勢力との間で武力衝突が起こることは、避けて通れない情勢であった。

薩摩藩は関東攪乱工作として江戸の藩邸に浪人を集めて放火・強盗などを行わせ、旧幕府勢を挑発していた。十二月二十三日夜には江戸市中取締りを担当していた庄内藩の屯所に浪人たちが乱入し、発砲に及ぶという事件が起こった。憤慨した庄内藩は十二月二十五日、老中稲葉正邦の命に応じて薩摩藩邸に砲撃を加えた。老中の砲撃命令の背景には、抗戦派の小栗忠順や陸海軍士官の強硬論が存在していたとも考えられる（保谷徹『戊辰戦争』）。

薩摩藩士や浪人たちの多くは捕縛されたが、中には藩邸を抜け出し、鮫洲村（東京都品川区）から小船で薩摩藩保有の「翔鳳」に乗艦する者もいた。これに対し、旧幕府の「回天」が「翔鳳」に砲撃を加え、二八発を命中させた。「翔鳳」は左舷前部水準線付近に被弾し、船中の諸具も大いに破損した状態であったが、何とか品川沖を脱出することに成功し、兵庫沖に到着したのは年が明けた正月二日。戊辰戦争の緒戦となる鳥羽・伏見の戦いが始まる前日であった。

阿波沖海戦

この日は薩摩藩の蒸気船「平運」も兵庫に寄港していた。「平運」は大坂沖から鹿児島に向け出船したところを旧幕府海軍の軍艦頭並榎本武揚率いる「開陽」「蟠龍」に追撃され、兵庫沖に退避してきたのであった。これに「春日」を加えた薩摩藩の三艦は、決死の逃走を試みる。

正月四日、瀬戸内海に向けて「平運」、紀淡海峡に向けて「春日」「翔鳳」がそれぞれ兵庫沖を出船した。旧幕府海軍の「開陽」は「春日」「翔鳳」を尾行していたが、阿波沖に差しかかる頃、「春日」からの砲撃を受け、これに応戦している。「開陽」は右舷一三門の大砲を一斉に放ち、「春日」の蒸気外輪上部に命中させた。被弾した「春日」は砲撃を止めて紀伊国加太（和歌山県和歌山市）に逃走し、脱出に成功した。追撃を受けなかった「平運」も脱出に成功したが、「翔鳳」は蒸気機関の故障もあって阿波国由岐沿岸（徳島県美波町）で座礁し、逃げ切ることができずに自焼して果てた。薩摩藩海軍は、旧幕府海軍の存在によって、十分な軍事行動をとることができなかったといえる。この時点で江戸・大坂沖を軍事的に実効支配していたのは、強力な海軍を有する旧幕府側だったのである。

しかし、陸上では新政府勢が旧幕府勢を圧倒し、阿波沖海戦の前日、三日に口火が切られた鳥羽・伏見の戦いを有利に進めていた。しかも、指揮をとるべき徳川慶喜は七日夜、密かに大坂沖の「開陽」に乗艦し、品川沖に向けて戦線を離脱していた。これにより鳥羽・伏見の戦いにおける旧幕府勢の敗北は決定的なものになる。

慶喜の離脱は、旧幕府海軍の存在があって初めて成り立つものであった。江戸と京坂、それぞれの戦局は、海軍の存在によって密接不可分に結びついていたのである。戊辰戦争の舞台は関東へと移っていく。

新政府海軍の江戸進攻

鳥羽・伏見の戦いで勝利をおさめた新政府は、旧幕府勢力の拠点である江戸に向けて進軍を開始した。

三月十六日、新政府は薩摩藩の「豊瑞（ほうずい）」、佐賀藩の「孟春（もうしゅん）」、久留米藩の「雄飛（ゆうひ）」を大坂天保山沖に展開し、佐賀藩士浜野源六を海軍参謀に任命した。三艦は兵庫に寄港したのち、三月二十三日に横浜に着船した。江戸への進軍は陸路のみならず、海路からも行われていたのである。

鳥羽・伏見の戦いで敗れた旧幕府海軍は臨戦態勢を整えるため、軍艦頭・同並、軍艦役を増員し、海軍奉行・海軍奉行並を廃止、代わって海軍総裁に矢田堀景蔵、同副総裁に榎本武揚、海軍所頭取に木村喜毅（きむらよしたけ）が就任し、新たに軍艦蒸気役を設けて江戸に進軍する新政府軍と対峙することになる。

その頃、大総督府の軍議では慶喜の処分、江戸城の明け渡しとともに、銃砲や艦船の武装解除の方法が重要な争点となっており、旧幕府側は軍事取扱に就任した勝海舟が大総督府参謀西郷隆盛ら新政府側との交渉にあたっていた。その結果、江戸近郊での軍事衝突は回避され、四月十一日に江戸開城が果たされたものの、旧幕府艦船の引渡しは難航した。「開陽」「富士山」「蟠龍」「朝陽」「回天」「千代田形」「観光」の旧幕府艦船七艘が引き渡される予定であったが、それらを率いて海軍副総裁の立場にあった榎本武揚が品川沖を脱したのである。

戦局を左右する榎本艦隊

軍事的脅威である旧幕府海軍が広大な海に姿を消した。新政府にとっては危険極まりない事態である。東海道先鋒総督橋本実梁（はしもとさねやな）らは大総督府参謀に宛てて「品川滞留の大軍艦が今朝発船して、浦賀に向かったとのことである。箱根辺を襲撃する可能性もあるので、用心を願い入れる」と伝えている（「橋本実梁・柳原前光通牒」「大日本維新史料稿本」所収）。榎本艦隊の脱走を受けて、まず新政府側が注意しなければならなかったのは、箱根を襲撃され、軍隊を分断されることであった。

そうした新政府側の懸念を察してか、榎本は嘆願書を差し出し、脱走の意図を次のように説明している。すなわち、安房・相模の沖合で慎んで督命を待つことが離脱の意図である。それは艦船の差出しを新政府から日々督責され、そのたびに海軍一同は動揺しており、何が起こるかわからない状態だからである。「咽喉の地」（江戸内海）に潜伏して密かに野心を抱くといった意図はないという。

実際、榎本は若年寄服部常純や勝海舟の説得を受けて品川沖に戻り、四月二十八日、「富士山」「朝陽」「観光」「翔鶴」の四艘を新政府に引き渡している。しかし、その後、「長鯨」「長崎」「大江」「神速」「美賀保」「咸臨」「鳳凰」などの各艦が榎本艦隊に随時加わることになり、その海軍力が大きく低下することはなかった。

図32　榎本武揚（函館市中央図書館所蔵）

榎本艦隊は浦賀や館山（千葉県館山市）に寄港して物資を補給しつつ、旧幕府の遊撃隊や請西藩を脱藩した林忠崇らの勢力と合流し、勢力を増していった。遊撃隊を率いた伊庭八郎・人見勝太郎らは、榎本艦隊との連携を通じて、房総半島から伊豆半島にかけて反新政府勢力を糾合しようと画策していた。

榎本艦隊は遊撃隊・林軍を館山から真鶴（神奈川県真鶴町）まで移送して大砲を提供するなど、一定の軍事支援を行っている。遊撃隊・林軍が箱根戦争で敗北した後も網代（静岡県熱海市）から館山まで移送し、さらに六月四日、艦長古川節三率いる「長崎」で遊撃隊・林軍を小名浜（福島県いわき市）まで移送している（「戊辰国難記」）。榎本艦隊は旧幕府勢力を箱根から東北一帯にかけて拡散させていたわけである。

旧幕府海軍が戦局を左右する力をもっていただけに、この時の榎本の立場は複雑であった。一方では長崎海軍伝習以来の知古である海舟の説得に応じつつ、一方では徹底抗戦を主張する旧幕府勢力にも協力するといった二重の対応をとることで、両勢力の間で辛うじてバランスを保っていたのである。

榎本艦隊の北進

江戸開城後、田安徳川家の亀之助（徳川家達）が徳川宗家の当主となり、新たに静岡七〇万石の城主となった。水戸で謹慎していた徳川慶喜は、下総国銚子（千葉県銚子市）で榎本艦隊の「蟠龍」に乗艦し、七月二十三日に駿河国清水（静岡県静岡市）に移動した。慶喜や家達、旧幕臣たちの静岡入部を見届けた榎本武揚は、八月十九日、「開陽」「回天」「蟠龍」「千代田形」「神速」「長鯨」「美賀保」「咸

図33　慶応戊辰秋八月品港出帆之図（「麦叢録」函館市中央図書館所蔵）

臨」を率いて東北方面へと舵を切った。

この時期には新政府が上野戦争・箱根戦争などに勝利して関東の鎮撫を進め、横須賀・浦賀といった軍港をその支配下に治めており、江戸近海において榎本艦隊が寄るべき拠点は失われつつあった。静岡入部により徳川家とその家臣団の存続の道も一応は開かれ、榎本艦隊が江戸近海に止まる積極的な理由は最早なくなっていた。

榎本が東北方面に向かった理由の一つは、奥羽越列藩同盟と連携するためであった。奥羽越列藩同盟は、新政府による会津藩・庄内藩の処分に反対して成立したもので、ほかにも仙台藩・米沢藩・盛岡藩・長岡藩など、東北・北越の諸藩が参加していた。その戦略の一環として江戸近海の榎本艦隊を新潟方面に展開し、新政府の補給路を断とうと画策し、榎本に協力を要請していたのである（『復古記』第七冊）。新潟への艦隊派遣は見送られたが、その後の行動をみても榎本が奥羽越列藩同盟との連携を視野に入れていたことは間違いなかろう。

そして、もう一つの理由が蝦夷地開拓である。それは榎本が品川沖を発つにあたって勝に托した「徳川家臣大挙大告文」の主張から読み取れる。旧幕臣救済の目的で蝦夷地の開拓を新政府に要請したが許可されなかった。そのことが江戸退去を決めた理由だというのである（『復古記』第七冊）。榎本はまず東北に向かって奥羽越列藩同盟との交渉にあたり、状況に応じて蝦夷地に向かう算段であったと考えられる。

品川沖を発した榎本艦隊にとって不運だったのは、時期が折悪しく台風シーズンにあたっていたことである。榎本艦隊のうち、「美賀保」と「咸臨」は東北にたどり着くことができなかった。「美賀保」は銚子沖で暴風雨に遭遇して座礁、「咸臨」も暴風雨で流され、寄港した駿河国清水で新政府の「飛龍」（佐賀藩保有。柳川藩士ら乗艦）と交戦状態になった末に拿捕（だほ）された。

この戦いで「咸臨」に乗艦していた浦賀奉行組同心の岩田平作は捕虜となり、同じく同心の春山弁蔵は弟の鉱平とともに討ち死にした。岩田平作と春山弁蔵は浦賀での「鳳凰」建造に関わり、長崎海軍伝習に参加した後は軍艦操練所教授方出役を務め、軍艦組に出仕するなど、幕府海軍の活動を支えていた。榎本艦隊は暴風雨の影響で貴重な戦力を失うことになったのである。

「戦国の世」に出陣す

榎本艦隊には他にも多くの浦賀奉行所役人が乗り込んでいた。長崎海軍伝習以来、榎本と昵懇であった中島三郎助（なかじまさぶろうすけ）もその一人である。

榎本艦隊と行をともにするにあたり、中島は出陣状を認め、長年にわたる徳川家の恩顧に報いる決意を表明している（『中島三郎助文書』）。出陣状の前半部に記された中島家の系譜によると、中島家は美濃国中嶋ノ庄出身で祖先は豊臣秀吉や前田利長に仕えたが、当主の早世を機に浪人となり、不遇の時節を過ごした。その後、「徳川将軍」の時代となった寛文九年（一六六九）三月に三郎右衛門が下田奉行組与力に召し抱えられたため、同人が中島家の初代と位置付けられている。また、七代清司の代に子の三郎助と孫の英次郎の二家に分家していることから清司を「中興の祖」としている。さらには八代の三郎助自身が「海軍の芸術」を備えていたことから隠居後に両番上席軍艦役四〇〇俵として召し出されたことを特筆している。つまり、三郎助はこれらの事績を書き連ねることで、

図34　中島三郎助（中島三郎助資料室所蔵）

徳川将軍家から賜った中島家の恩顧を示しているわけである。その上で「慶応四辰年将軍辞職の挙に乗じ王側の奸悪恐れ多くも冤罪を負はしむ。ここにおいて北軍同盟の諸侯・会侯を助けて義兵を起こし、実に天下擾乱、戦国の世となる。よって三郎助・恒太郎・英次郎三人、主家報恩のために出陣するなり」と出陣の動機を記すとともに、末尾には自身と子の恒太郎の漢詩を記載し、その覚悟のほどを表現している。三郎助にとって慶応四年は「戦国の世」であり、大恩ある徳川家の冤罪を晴らすために「奸悪」を討つことは情義からも逸脱しない至当な論理だった。

中島は長男恒太郎と次男英次郎をはじめ、与力の近藤彦吉・朝夷捷次郎（あさいけんじろう）・佐々倉松太郎、同心の柴田伸助・柴田真一郎・春山弁蔵・岩田平作・中村時太郎・福西脩太郎（ふくにししゅうたろう）、子弟の朝夷三郎・直井友之助・平田銑吉郎（ひらたせんきちろう）・春山鉱平たち同志とともに榎本艦隊に乗り込み、東北方面に向け出陣したのであった。

東北の榎本艦隊

　榎本艦隊のうち「長鯨」「千代田形」は八月二十四日、「回天」は同二十五日に桂島・寒風沢沖（宮城県塩竈市）、榎本乗艦の「開陽」は二十七日に東名浜沖（宮城県東松島市）にそれぞれ着船した（「蝦夷地戦争日記」国立公文書館所蔵）。航海中の暴風雨で「回天」の檣三本が折れ、「開陽」の舵が破損するなど、各艦船の損傷は激しかった。そこで榎本艦隊は乗艦の旧幕府勢を上陸させ、東名浜で修復・補給にあたった（同）。なお、九月五日には「神速」、同十八日には「蟠龍」が合流している。

　九月二日、榎本は艦隊に乗艦していたフランス人砲兵大尉ブリュネと伍長カズヌーヴを伴って仙台藩主伊達慶邦と面会し、翌三日、仙台藩の重臣や旧幕府勢、列藩同盟の者たちと軍議を重ねて対新政府の方策を議論したが、仙台藩の姿勢は降伏へと傾いていった。その後、米沢藩（九月四日）・仙台藩（十五日）・盛岡藩（二十日）など、奥羽越列藩同盟の諸藩は次々と新政府に降伏し、二十二日には会津若松城も落城した。北越・東北地方に転戦していた旧幕府勢は行き場を失い、仙台藩領に寄港していた榎本艦隊に援助を求めた。榎本艦隊が旧幕府勢を収容するにあたっては、仙台藩に貸与されていた旧幕府蒸気船「大江」と同帆船の「鳳凰」が加わることになった。旧幕府勢を榎本艦隊に収容することは、先の軍議において、ある程度想定されていた事態だと考えられる。

榎本艦隊と合流したのは桑名藩主松平定敬、老中の板倉勝静・小笠原長行、若年寄格・陸軍奉行竹中重固、会津藩家老西郷頼母のほか、歩兵奉行大鳥圭介を総督、新選組土方歳三を参謀とする伝習隊、古屋作左衛門率いる衝鋒隊、人見勝太郎率いる遊撃隊、春日左衛門率いる陸軍隊、菅沼三五郎・池田長裕率いる彰義隊、松岡四郎次郎率いる一連隊など旧幕府の軍隊。さらに仙台藩の星恂太郎率いる額兵隊や会津藩の諏訪常吉率いる会津遊撃隊なども加わった（菊池勇夫『五稜郭の戦い』）。榎本艦隊に加わっていた軍艦蒸気役一等小杉雅之進が記した「麦叢録」（国立公文書館所蔵）によると、旧幕府勢を収容した榎本艦隊の乗組員は、二五〇〇人余にのぼったという。

榎本艦隊は十月九日に東名浜から折ノ浜（宮城県石巻市）に移動して「開陽」の舵を修復し、十二日に折ノ浜を出船、翌十三日に鍬ヶ崎（宮城県宮古市）に着船した。

この間、榎本艦隊の「千代田形」は、仙台藩預りとなっていた旧幕府蒸気船「長崎」とともに神木隊七〇人余を乗せ、庄内藩を支援するため酒田湊（山形県酒田市）に向かっている。しかし、「長崎」は庄内藩領の飛島沖（山形県酒田市）で座礁してしまう。「長崎」の乗組員はやむなく上陸することになったが、九月二十三日、庄内藩がすでに降伏していたため、機を見て外国商船をチャーターして箱館に至り、そこで「千代田形」に無事収容された。のちに「長崎」の船具や船載品の一部は引き揚げられ、現在は江戸東京博物館に収蔵されている。

また、「回天」が仙台藩預りとなっていた旧幕府帆船「千秋」を奪取したため、榎本艦隊の陣容は、「開陽」「回天」「蟠龍」「千代田形」「神速」「長鯨」「大江」「鳳凰」「長崎」「千秋」となった。

仙台藩領での石炭補給を予定していた榎本艦隊であったが、入手することができず、代わりに松薪を補給し、手持ちの石炭に混ぜて利用することにした。旧幕府勢を収容したことによって、榎本艦隊が補給しなければならない燃料や水・食糧などが増大したものの、戦局が新政府有利に傾く中、東北の地で安定的な補給体制を確保することは困難であった。そうした状況も榎本艦隊の蝦夷地行を後押ししたことであろう。

榎本艦隊に従軍していた中島三郎助は、遠く離れた妻すずに宛てて「両三日の内には蝦夷と申すへ参り候つもり、これは定めて寒気強く心配いたし候」と蝦夷行きを伝え、「我らならびに恒太郎・英次郎等万々一討ち死にいたし候へば、浦賀の寺へ墓御立てくださるべく候」（『中島三郎助文書』）と覚悟のほどを述べている。

榎本艦隊は「徳川脱藩海陸軍一同」の名義で新政府の奥羽追討平潟口総督四条隆謌に蝦夷地開拓の趣意を伝えると、明治改元（九月八日）後の十月十八日、蝦夷地を目指して鍬ヶ崎を出船し、二十日、蝦夷地鷲ノ木沖（北海道森町）に至った。

箱館奪取　明治元年（一八六八）十月二十日、鷲ノ木に上陸した大島圭介率いる旧幕府軍は新政府側の津軽・松前・福山・大野藩兵を破り、二十六日、箱館五稜郭を奪取した。二十七日には箱館に入港してきた秋田藩の蒸気船「高雄」（「高尾」とも）を拿捕し、「二番回天」と改称して榎本艦隊に加えた。

十一月一日、榎本艦隊は「開陽」を鷲ノ木から箱館へ、「蟠龍」を箱館から松前（北海道松前町）へ移している。「蟠龍」は陸上の敵と砲撃戦を展開しながら松前に移った。同月五日、「回天」は土方歳三率いる軍勢とともに新政府軍の拠点松前城を陥落させた。しかし、追撃に出た「開陽」「神速」が江差沖（北海道江差町）で座礁、沈没してしまい、榎本艦隊の海軍力は大きく低下することになった。

十五日に旧幕府軍が江差を制圧すると、中島三郎助は妻すずに書簡を認めている。十一月二十五日付書簡では「去月二十一日（正しくは二十日）、箱館の後ろワシノキと申す所え着岸、箱館・江差・松前城下等みなみな攻め取り申し候。恒太郎は蟠龍丸に罷り在り、同

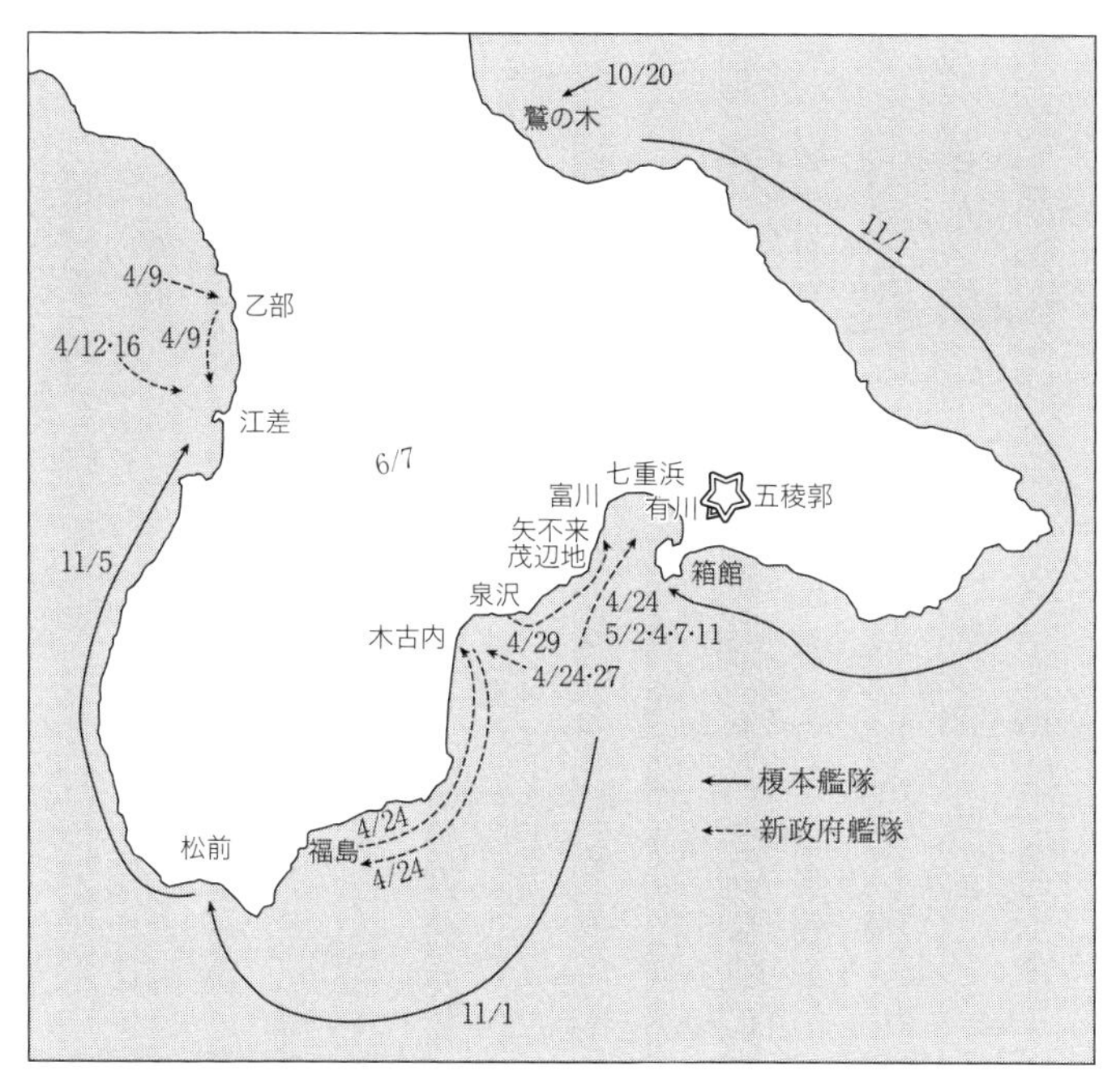

図35　箱館戦争における榎本艦隊・新政府艦隊の動き

図36　十月廿日南蝦夷地之内鷲ノ木着船之図
（「麦叢録」函館市中央図書館所蔵）

舟へ大筒玉二つ中り候へども、船中一同けが之無く候」（『中島三郎助文書』）と、戦局が順調に進んでいること、「蟠龍」が被弾したものの、乗艦していた息子恒太郎は無事であることを伝えている。

また、年をまたいだ明治二年（一八六九）二月一日付書簡では、戦果に満足している様子を次のように記している。

同（十一）月十五日、海軍にて江差攻撃、陸軍は館村と申す新城攻撃、両地とも同日攻め取り候。松前主人は熊石え落ち行き候処、またまた同所え進軍、遂に主従百余人にて廻船に乗り、津軽辺に落ち行き、残りし松藩三百人余、其の外松前・箱館・江差に潜伏の松藩追々降参いたし候。右は十月下旬より十一月下旬に至り僅か一ヶ月内にして四ヶ所を攻め落とし候段、愉快無量に御座候（『中島三郎助文書』）

ここまでの戦局は旧幕府軍にとって順調そのものであったが、新政府艦隊が東北に派遣されたことによって、戦いの流れは新政府側に大きく傾いていくことになる。

新政府艦隊の反攻

新政府艦隊の出撃　明治二年（一八六九）になり、寒さが和らぐとともに新政府軍の本格的な反攻が開始される。三月、新政府は海軍参謀増田明道を提督として「甲鉄（こうてつ）」（艦長中島四郎、約一五〇人乗組）、「春日」（艦長赤塚源六、約一三〇人乗組）、「丁卯（ていぼう）」（艦長山縣久太郎、約一〇〇人乗組）、「飛龍」（艦長岡敬三郎、約七〇人乗組）、「晨（しん）風（ぷう）」（艦長西田元三郎、約六〇人乗組）、「豊安」（艦長入江良之進、約八〇人乗組）、「陽春」（艦長谷村小吉、約一〇〇人乗組）、「戊辰」（「代辰」とも。艦長小山辰彦、約一〇〇人乗組）の八艘から成る艦隊を編制し、蝦夷地に派遣したのである（『復古外記　蝦夷戦記』、「北洲新話」）。

五〇〇馬力、七〇〇〇トンを誇る高性能蒸気船「甲鉄（こうてつ）」は、もともと幕府が四〇万ドルでアメリカから購入したものであったが、アメリカが戊辰戦争での局外中立を宣言したため、旧幕府軍に引き渡されることはなかった。東北での戦争が終結するに及んで、アメリカが局外中立を解除し、「甲鉄」は新政府に引き渡されたのであった。こうして新政府の海軍力は増強され、箱館攻略が開始されたのである。

新政府艦隊のうち修復中の「陽春」を除く七艘は、三月九日午前九時過ぎに品川を出船したが、風雨が強かったため、十一時過ぎに横浜に寄港して天候の回復を待った。翌日、新政府艦隊七艘は横浜を発したが安房沖で激しい南風に遭ったため引き返し、浦賀に寄港してふたたび天候の回復を待った。その後、「戊辰」は石炭補給のため東京に戻っており、「丁卯」も常陸沖に向かっている。やはり石炭を補給するためであろう。悪天候により出発の予定が遅れたため、補給の計画を立て直したものと思われる。

「陽春」が合流して六艘となった新政府艦隊は、十六日に浦賀を出船し、十九日までには鍬ヶ崎（宮城県宮古市）に着船した。先発していた「丁卯」はすでに鍬ヶ崎入りしており、「戊辰」も十九日夜に合流し、新政府艦隊の陣容が次第に整っていった。

宮古港海戦

当時の鍬ヶ崎の港、すなわち宮古港は盛岡藩領に属し、出崎・藤原地区を拡張した現在の宮古港とは異なる、鍬ヶ崎地区に限定された港域であった。盛岡藩野田通城内産の石炭を蒸気船に供給する体制も整備され、盛岡の外港としての機能を果たすなど、新政府艦隊・榎本艦隊にとって戦略上、重要な意味をもつ軍港であった（箱石大「宮古港海戦」『広報みやこ　ふるさと博物館　宮古文化財事典』宮古市教育委員会、二〇一〇年）。

新政府艦隊の宮古寄港の報を得た旧幕府軍は、新政府艦隊の主力艦「甲鉄」を奪取するべく、二十日夜から二十一日にかけて、榎本艦隊の「回天」「蟠龍」「二番回天」を箱館から出撃させた。旗艦の「回天」には海軍奉行の提督荒井郁之助、艦長の甲賀源吾をはじめ、陸軍奉行並土方歳三、添役相馬主計、添役助野村利三郎（理三郎）、フランス海軍を脱して従軍していた教師ニコール、酒井良祐ら神木隊三六人、笹間金八郎ら彰義隊一〇人、「蟠龍」には木下福次郎ら彰義隊一五人、遊撃隊五人、フランス人教師クラトー、「二番回天」（「高雄」）には井上玖ら神木隊二五人、フランス人教師コラッシュらが乗り組んでいた（「北洲新話」「蝦夷地戦争日記」）。

二十二日、「回天」「蟠龍」「二番回天」は八戸藩領の鮫浦（青森県八戸市）に寄港し、様子を伺いに出てきた村役人を拘留して地理などの情報収集にあたっていたところ、濃霧・強風となった。二十三日、「回天」は激しい風浪により「蟠龍」「二番回天」とはぐれ、二十四日、宮古を越えて大槌港（岩手県大槌町）に寄港した。ここで「二番回天」と合流し、村役人に新政府艦隊の動きを確認したところ、宮古に寄港中だという。「蟠龍」の動向が把握できなかったため、「二番回天」が「甲鉄」を、「回天」がその他の艦船を襲撃するという計画を立て、夜陰に紛れて宮古に向かうことにした（「蝦夷錦」）。宮古港の南約四五キロほどに位置する大槌港は、夜襲を仕掛けるにはほどよい距離にあったといえよう。

この時、「回天」乗艦の海軍頭並小笠原賢造は「二番回天」に配置替えとなっている。小笠原はかつて幕府海軍にあって「甲鉄」購入を担当しており、船中や機械の構造を熟知していたため、襲撃の嚮導役になったのである。

しかし、航行中に「二番回天」の機関が故障したため、二十五日未明、宮古港にたどり着いたのは「回天」のみであった。「回天」は新政府軍を欺くため、アメリカ国旗を掲げて港内に進入し、砲撃直前に日の丸に替えた。これは国際的にも承認されていた海軍の戦術の一つであった（前掲、箱石大「宮古港海戦」）。

望遠鏡で「甲鉄」を視認した「回天」は「甲鉄」の左舷に向かって進み、接近したところで舵を右に切った。「回天」の右舷を「甲鉄」の左舷に接触させて乗り移ろうというのである。しかし、「回天」の舵は左に緩く、右に硬いという独特の癖があったため、旋回が遅れて接触させることができなかった。やむを得ず後進し、ふたたび前進して十分に舵を切り、今度は接触に成功した。マストには小銃で武装した兵員を配置し、両舷の大砲には実弾を装塡するなど、戦闘準備は整っていた。

しかし、時間にしてわずか三十分たらずのこの海戦において、旧幕府軍は多くの犠牲を払うことになった。海軍士官大塚浪次郎を先頭に、野村利三郎・笹間金八郎ら七、八人が抜刀して「甲鉄」に飛び移り、敵数十人を切ったものの、ついには力尽きて戦死した。艦長甲賀源吾も開戦時から橋梁（きょうりょう）で指揮を執り、舳先（へさき）に備えた五六斤砲を打ち込んで「甲鉄」の甲板を破損させたが、左股・右腕を撃たれ、さらにガトリング砲を左こめかみに受けて命を落とした。ほかにも海軍士官では、軍艦役矢作沖麿をはじめ、布施半・小幡仲甫・渡辺大蔵・柴山昇・安藤藤太郎・山口忠也らが戦死している（「蝦夷錦」）。

「甲鉄」奪取に失敗した「回天」は、宮古港から逃走する途中、はぐれていた「第二回天」「蟠龍」と行き会う。「回天」と「蟠龍」は二十六日に箱館まで逃げ切ったが、機関を故障していた「第二回天」は新政府艦隊の「甲鉄」「春日」「陽春」「丁卯」の追撃をかわすことができず、艦長古川節三がみずから艦を焼き、上陸したところで投降している。宮古港海戦を通じて榎本艦隊は貴重な人材と艦船一艘を失い、結果としてその戦力をさらに低下させることになったのである。

新政府艦隊の「甲鉄」「春日」「丁卯」「陽春」「飛龍」「晨風」「豊安」は青森港に着船したが（三月二十六日）、「戊辰」のみは「回天」の襲撃で負傷した兵員四〇人余を移送するため東京に向かい、品川沖に着船した（二十八日）。「戊辰」と入れ替わるように、東京から青森に石炭を積んで来航してきたのは、新政府が輸送船として雇い入れたプロシアの「ヤンクジ」、イギリスの「オーサカ」、アメリカの「ヤンシー」といった外国商船であった。この頃になると、諸外国は局外中立を解除していたのである。

さらに青森口の総督清水谷公考（しみずだにきんなる）が新政府艦隊を視察し、宮古港海戦の戦功を賞して艦隊の士気を高めた（二十九日）。

戦地からの書簡

新政府艦隊の動向は旧幕府軍にも伝わり、「回天」「蟠龍」「千代田形」で海上を哨戒し、非常事態に備えた。各国公使たちが箱館居留地を引き払ったことで新政府軍の襲来が近いことを知った旧幕府軍は、箱館の住民を弾丸の射程距離外に避難させ、各隊を配置に付けた。中島三郎助は大砲隊として子の恒太郎・英次郎をはじめ、柴田伸助・近藤彦吉・佐々倉松太郎・平田銑太郎・福西脩太郎・朝夷三郎・直井友之助ら浦賀奉行所関係者とともに千代ヶ岡台場の守衛にあたることになった。千代ヶ岡台場は箱館五稜郭防衛上の重要拠点であり、ここを奪取されることは五稜郭陥落に直結した。

中島は四月四日付で妻のすずに宛て、①二、三日のうちに新政府軍の攻撃がありそうなこと、②砲兵頭並を拝命して「浦賀の者一同」と千代ヶ岡という場所に詰め、「決戦」のつもりでいること、③先月二十五日の宮古港海戦における甲賀源吾の戦死をうらやましく思っていることなどを伝え、「われもまた、花のもとにとおもひしに、若葉のかげにきゆる命か」という句を添えている（『中島三郎助文書』）。中島は旧幕府軍の箱館奉行並に任命されたものの、空しく討ち死にするよりは隊を率いて華々しく討ち死にしたいと考え、みずから進んで千代ヶ岡台場の守備に就いたのであった。

さらに七日付の書簡では、①帰府することになった家来の庄蔵という者に短刀と裁着を託したこと、②すずのもとに残した子の与曽八が成長した暁には「我らの忠君を継ぎ、徳川家の大恩を忘れぬよう御申し付け下さるべく候」と自分たちが討ち死にした後のことを託している（同）。

戦地からの書簡からは、戦局が次第に新政府軍優位に傾いていく様子を読み取ることができる。夫と二人の息子を戦地に送り出し、生後間もない赤子の与曽八とともに残された妻すずの思いは幾ばくであったろうか。

新政府艦隊の蝦夷地来航

新政府艦隊が兵員・物資を移送するため蝦夷地に向けて青森を出船したのは、四月六日午前十時頃のことであった。総督清水谷の命により、「オーサカ」で青森入りしていた陸軍参謀山田顕義（やまだあきよし）が海軍参謀を兼務して新政府艦隊を統括することになった。これにより東京から新政府艦隊を率いてきた海軍参謀増田明道は、山田の指揮下に入った。艦隊には薩摩・長州・備後福山・越前大野・岡山・津・松前・津軽・黒石・水戸・久留米藩の兵員五四九〇名余が乗艦した。

海岸には多くの見物人が集まり、戦地に向かう艦隊を見送っている。同所の船問屋・御用達の伊東彦太郎は、「誠に未聞の賑わいに御座候」（「家内年表」『青森市史』七、資料編二）と記録している。

新政府艦隊は激しい風雨に見舞われたため、いったん陸奥国平館（青森県外ヶ浜町）に寄港してから、九日午前二時二十分頃に乙部村沖（北海道乙部町）に着船し、「オーサカ」乗艦の山田顕義指揮のもと兵員を上陸させた。その後「甲鉄」「春日」「陽春」「丁卯」が江差（北海道江差町）に進んで海上から砲撃を加え、同所を占拠した。さらに新政府軍は松前口（北海道松前町）・木古内口（同木古内町）・二股口（同北斗市）の三方面から進軍し、十二日に第二軍、十六日に第三軍を江差に上陸させた。この間、兵員を乗せた「朝陽」（艦長中牟田倉之助）が東京から青森港に着船し、夜中に蝦夷地に向けて出船するなど、新政府軍は攻撃の厚みを増していき、十七日には旧幕府軍の重要拠点、松前城を奪取するに至った。

兵員・物資を乙部・江差などに移送した新政府艦隊は、三厩（青森県外ヶ浜町）に集結して箱館攻撃に備えていた。そうしたところ、木古内村沖で榎本艦隊の「回天」「蟠龍」を発見したため、「春日」で追撃し、箱館港外で砲撃を加えた（二十一日）。「大合戦」になる勢いであったが、日が暮れたため、双方退去していった（「蝦夷地戦争日記」）。

箱館沖で本格的な海戦が始まったのは二十四日のことである。新政府艦隊の「甲鉄」「陽春」「丁卯」「春日」「朝陽」と榎本艦隊の「回天」「蟠龍」「千代田形」との間で海戦となり、「回天」は二発被弾したが怪我人はなかった。その後、新政府艦隊は木古内まで退き、福島（北海道福島町）から石炭を積んできた「飛龍」と合流し、入れ替わりで「春日」「丁卯」が石炭補給のため福島へと向かった。残りの「甲鉄」「陽春」「朝陽」「飛龍」

は三厩に着船し、同所で石炭を補給した（二十五・二十六日）。補給を済ませた新政府艦隊は三厩から前線基地化した木古内・泉沢方面に移動し、箱館攻撃に備えた（二十七日）。

二十九日早暁、松前・弘前・柳川（やながわ）・薩摩・長州藩などの兵員二四〇〇人余を乗せた新政府艦隊は、泉沢（北海道木古内町）から茂辺地（もへじ）（同北斗市）まで駒を進めた。「陽春」「丁卯」を先鋒として、「甲鉄」「春日」「朝陽」「飛龍」が続き、矢不来（やふらい）（同北斗市）の旧幕府軍・台場に砲撃を加え、甚大な被害を与えた。近郊の富川（同北斗市）の台場にも「陽春」「丁卯」が砲撃を加えたが、旧幕府軍の二四斤長カノンが「陽春」に命中し、機械が破損したため退去している。そうした被害はあったものの、この矢不来の戦いでは新政府軍が勝利し、旧幕府軍は箱館五稜郭へと撤退していった。

翌三十日、今度は旧幕府軍が反攻に転じる。陸軍隊・彰義隊・伝習隊・新選組・砲兵隊が五稜郭から出撃し、七重浜（北海道北斗市）の新政府軍に夜襲を仕掛け、退去させることに成功したのである。

しかし、この時、斥候に出ていた「千代田形」が七重浜沖で座礁していた（「蝦夷錦」）。狼狽した船将森本弘策は士官が諫めることを聞かず、火門（かもん）を釘で止め、蒸気機関を破壊して下船したため、「千代田形」は新政府軍に奪取された。この責任をとって艦長の森本は

「苦業」を命じられ、士官の軍艦役市川真太郎は謝罪のため「回天」艦内で自殺している。旧幕府軍にとって蒸気船は大きな戦力であっただけに、それを失った責任もまた大きかったのである。

新政府艦隊は石炭・食糧の補給、怪我人の移送を次々と行い、着実に戦力を整えていった。「飛龍」は陸軍に米四〇〇俵を供給し、「朝陽」は五〇人、「飛龍」は二五人の負傷者を青森港まで移送、「豊安」は有川（北海道函館市）まで石炭積船一艘を曳航している（「蝦夷地戦争日記」）。新政府軍は十分な後方支援を受けながら、箱館攻略に王手をかけようとしていた。

箱館港の海戦

五月二日、新政府参謀は「甲鉄」「春日」の艦長に対し、陸軍の応援、五稜郭への砲撃を要請した。午前五時三十分を過ぎ、陸軍から進軍の通知を受けた「甲鉄」は、他艦に進撃の合図を送った。午前九時頃、七重浜に進撃する陸軍を援護するため、「朝陽」「丁卯」が陸上に向けて砲撃を開始し、午前九時二十五分頃、「回天」に砲撃を加えた。午前十時過ぎ、「回天」「蟠龍」からの反撃を受けて激しい砲撃戦となったが、箱館港内に水雷が仕掛けられているとの情報もあって十分に艦を進めることができず、午前十一時過ぎ、やむなく退去した。「春日」「陽春」は弁天崎台場（北海道函館市）に砲撃を加えたものの、台場との距離が遠く、着弾させることはできなかった。

四日午前八時三十分頃、新政府艦隊は「甲鉄」「春日」を先鋒として有川から箱館港内に進撃し、「回天」に大砲四〇発余を撃ち込んだ。しかし、「甲鉄」が浅瀬に乗りかけ、「春日」も海中で綱のようなものが引っ掛かったため、十時過ぎに砲撃を中止し、箱館港内から退去していった。箱館港内の情報を十分に把握できない以上、新政府艦隊は慎重に行動せざるを得なかった。

五日、箱館港内への進撃が困難だと認識した新政府軍は、海中の綱を断ち切るため、箱館小林重吉船（虎房丸）の水主三次郎らを弁天崎台場から七重浜までの海域に派遣したが、強風のため失敗に終わった。六日、「春日」乗艦の水夫頭二ノ方八十二を派遣すると、今度は綱の切断に成功し、港内進撃の憂いはなくなった。

そこで海軍参謀の増田明道・曽我準造は、東京の軍務官に対し、海軍の活動に必要な石炭・油膏・資金の廻送を要請して攻撃の準備を整えている。「とくに石炭の一事は現在困窮しているので、先日「オーサカ」を通じて要請した二〇〇万斤以外にも、さらに三〇〇万斤ほどを廻送してほしい」と海軍の機動力確保に万全を期している。新政府軍は東京から蝦夷地に至る広域的な兵站を築き上げていたのである。

新政府軍による箱館港内への進撃作戦は、①「甲鉄」が正面から「回天」を砲撃する、②砲声を聞いたら「春日」がまず「回天」、次に「蟠龍」の側面を砲撃する、③「陽春」「丁卯」「朝陽」は台場を砲撃し、機をみて「甲鉄」「春日」を援護するというものであった。

七日午前五時頃、新政府艦隊は有川沖から箱館港内に出撃し、午前六時頃には「甲鉄」「春日」「朝陽」が港奥に迫り、「回天」「蟠龍」に砲撃を加えた。「陽春」「丁卯」も作戦通り、弁天崎台場を砲撃した。新政府艦隊からの猛烈な砲撃に曝された「回天」は、午前八時前に航行不能となり、浅瀬に乗り上げ、やむを得ず浮き台場と化して砲撃を続けた。「回天」が航行不能になったことを確認した新政府艦隊は、有川へと退いていった。

この日の戦闘における新政府艦隊の発射弾数と被弾数をみると、「甲鉄」は発射三〇発、被弾二三発、「春日」は発射一〇七発、被弾一七発、「陽春」は発射一六二発、被弾なし、「朝陽」は発射二三五発、被弾一五発、「丁卯」は不明であった（『復古外記　蝦夷戦記』）。両軍ともに士官・水夫・火焚・舵取・鍛冶など、多くの死傷者が出た。戦場は戦闘員・非戦闘員を区別しなかった。

十一日、「飛龍」「豊安」は箱館の裏手、「甲鉄」「春日」は弁天崎台場、「陽春」は外浜、

図37　五月十一日於函湾蟠龍沈朝陽之図
（「麦叢録」函館市中央図書館所蔵）

「朝陽」「丁卯」は七重浜に向い、それぞれ陸軍の援護にあたった。開戦から四時間ほどが経過した午前七時頃、艦長松岡磐吉指揮の「蟠龍」が旧幕府軍を援護するため「朝陽」「丁卯」に砲撃を仕掛けた。同時三十五分、火薬庫に被弾した「朝陽」は爆発、炎上、沈没し、副艦長の夏秋又之助はじめ、士官・出納方・稽古人・水夫・火焚など五四人が死亡、艦長の中牟田倉之助も重傷を負った。

「甲鉄」「春日」が「蟠龍」を攻撃中、午前九時頃に佐賀藩の蒸気船「延年(えんねん)」が青森から戦場に到着して新政府艦隊に加入、「丁卯」は港奥への進入に成功した。この日の戦闘だけで「春日」は砲弾二八二発、七日の海戦の倍以上を放ったというからその激しさが窺い知れよう。

新政府艦隊の猛攻にさらされた「回天」の艦長荒井郁之助ら乗組員は、艦を脱して端船で一本木（北海道北斗市）に上陸し、五稜郭まで退いた。「朝陽」を撃沈して意気揚がる「蟠龍」も「甲鉄」からの砲撃を受けて兵員五名が死亡した。午後六時頃、「蟠龍」は弾薬を使い果たし、蒸気機関も故障して浅瀬に乗り上げた。乗組員はやむなく船橋を架けて艦を離脱し、弁天崎台場へと逃れていった。

新政府艦隊は乗組員がいなくなった「回天」「蟠龍」に火を放ち、箱館港内を完全に掌握したのであった。

五稜郭明渡し

残された旧幕府軍の拠点は五稜郭・弁天崎台場・千代ヶ岡台場の三か所となった。十二日以降も新政府軍は海陸から砲撃を加え、攻撃の手を緩めなかった。

十五日、弁天崎台場を守備していた永井尚志（ながいなおゆき）、「蟠龍」元艦長松岡磐吉以下二四〇余人が新政府軍の説得に応じて投降したものの、五稜郭の榎本武揚、千代ヶ岡台場の守備兵たちは降伏を拒否し、徹底抗戦の姿勢を示した。

榎本は降伏を勧めに来た高松凌雲（たかまつりょううん）・小野権之丞（おのごんのじょう）に対し、国内無二の貴重書が兵火で失われるのは惜しいとして、オランダ留学中の講義筆記録「海軍律全書」二巻を托している（十四日）。高松から書を受け取った新政府の海軍参謀は使者を送り、後日翻訳して天下に公布することを約束し、謝礼として酒五樽を送った。さらに兵糧・弾薬が乏しければ贈り、防御策が不十分ならば攻撃を猶予するとも伝える使者に対し、榎本は兵糧・弾薬は十分であり、みな決死の覚悟であるから日を定めず、いつでも攻撃してくるようにと述べ、厚志に応じて酒だけを受け取った。榎本が旧幕府軍の敗北、自らの死を覚悟していたことは言を待たないであろう。

十六日、新政府による総攻撃が開始された。新政府軍は早朝から千代ヶ岡台場を攻め、旧幕府の伝習士官隊・渋沢隊・陸軍隊を打ち破った。この台場を「墳墓」とする覚悟で守備していた中島三郎助は、新政府軍に散弾を撃ち込んで数人を倒したが、四方の壁を突破されると銃弾を胸部に受けて絶命した。その光景を目にした子の恒太郎と英次郎は抜刀して敵軍勢の中に切り込み、数人を切ったのちついに力尽きた。三郎助享年四九、恒太郎享年二二、英次郎享年一九であった。ほかにも浦賀から従軍した近藤彦吉・福西脩太郎・朝夷三郎らが命を落とした。

千代ヶ岡台場が陥落した後、堤上の新政府軍七、八名が何者かに狙撃され、喇叭手（らっぱしゅ）と福山藩士が倒された。新政府軍は茂みの中に狙撃手を見つけたが、その者はすでに自らの胸を銃で打ち抜き、自害していた。死体の傍らには刀が置かれており、その金具の家紋から、狙撃手は三郎助の部下であった元浦賀奉行組同心、柴田伸助であることが判明したという（「北洲新話」）。

十八日、榎本武揚は五稜郭を新政府軍に明け渡し、ここにようやく戊辰戦争が終結し、明治政府による新国家建設が加速していくことになった。榎本が率いた艦船は「長鯨」を除いて失われ、長崎海軍伝習以来、経験を積み重ねてきた海軍の人材も多くが命を落とすこととなった。

幕府海軍の航跡——エピローグ

明治の海軍

慶応四年（一八六八）閏四月、新政府は政体書の規定に応じて海陸軍を管掌する軍務官を設置した。軍務官には海軍局と陸軍局、さらに築造司・兵船司・兵器司・馬政司が組織され、諸藩の軍事力が統合されていった。明治二年（一八六九）七月、職員令に応じて軍務官は兵部省に改組となり、海陸軍をはじめ郷兵・召幕・守衛・軍備・兵学校などを管掌した。兵部卿には小松宮嘉彰親王（こまつのみやよしあきしんのう）、兵部大輔には大村益次郎（おおむらますじろう）が就任し、同三年七月に造兵局・海軍掛・陸軍掛、同四年七月に海軍部・陸軍部が組織された。

明治五年には兵部省の廃止によって、陸軍省とともに海軍省が独立した。初代海軍卿には勝海舟が就任するなど、当初は幕府海軍で活躍した人材も多数登用され、海軍の活動を支えた。海軍省は日清・日露戦争、アジア・太平洋戦争を経て昭和二十年（一九四五）十二月に廃止されるまで、長きにわたり海軍を管掌し続けることになった。

人材の継承

神奈川県横須賀市東浦賀にある浄土宗の寺院、東林寺（とうりんじ）。ここに徳川家への恩顧に殉じた中島三郎助父子の墓がある。榎本艦隊が品川沖を脱して東北宮古の地にたどり着いたとき、従軍していた三郎助は二人の子とともに討ち死にしたならば浦賀に墓を建ててほしいと妻すずに書簡で伝えていたが、その願いは果たされたのであった。

墓を建てたのは三郎助の末子、中島与曽八（なかじまよそはち）。父三郎助、兄恒太郎・英次郎らが榎本艦隊に従軍して浦賀を出船したとき、与曽八はまだ数えで一歳の赤子だったが、その後、中島家の家督を継いで佐々倉桐太郎・木戸孝允・榎本武揚らの庇護のもと成長し、海軍機関大佐・海軍機関中将・横須賀海軍工廠長などを歴任して明治海軍を支えた。

浦賀奉行所の与力・同心たちは江戸海防の中心的役割を担い、銃砲・軍艦などの西洋軍事技術を積極的に受容していった。長崎海軍伝習で洋式海軍の技能を修得して新たに創設された幕府海軍に出仕するかたわら、軍港浦賀の運営にも深く関わった。中島父子のように戊辰戦争で命を落とした者もいたが、明治海軍に出仕し、新しい時代の中でその技能を発揮する者もいた。

たとえばペリー艦隊を応接した与力香山栄左衛門の子、香山道太郎は、浦賀の明神崎台場の警衛を担当し、長崎海軍伝習所・軍艦操練所での勤務を経て軍艦役並に就任したが、榎本艦隊には従軍せず、海軍教育のため明治政府に出仕し、明治四年（一八七一）に正七位海軍大尉へと昇進した。東浦賀の顕正寺（けんしょうじ）には、道太郎病死の明治十三年に建てられた顕彰碑が今日まで残されている。

図38　東林寺の中島家墓所

興味深いことに、浦賀奉行所関係者の中には、海軍省の管轄となった横須賀造船所（旧横須賀製鉄所）に勤務している者が少なくない。

同心浜口英幹（はまぐちひでもと）（興右衛門）は大番格軍艦役並勤方・軍艦役を務めたが、榎本艦隊には従わず、戊辰戦争後は大蔵省・兵部省へ出仕している。明治五年に海軍省が新設されると同省に配属され、明治九年から横須賀造船所勤務となり、海軍一等師・海軍少匠師・海軍三等技師として明治海軍の建艦実務を支えた。横須賀市西浦賀の寿光院にある浜口の墓石には、「月や雪はなを友なるひとり旅」という辞世の句が刻まれている。

与力岡田増太郎の子で軍艦役並勤方一等勤方・蒸気役一等を務めた岡田井蔵(おかだせいぞう)は、榎本艦隊に従軍せず、明治三年、工部省に出仕して横須賀製鉄所に勤務、造船少師となり、海軍省成立後は主船少師・製図掛主任を務め、明治十五年に一等師となって以後は製図掛機械部主任、機械課工場長などを歴任した。墓は東浦賀の顕正寺にあり、生前の業績が刻まれている。

同心岩田平作は「咸臨」に乗艦して榎本艦隊に従軍したが、暴風雨で流され、清水の地で新政府軍の襲撃を受けた。同僚であった同心春山弁蔵とその弟鉱平が戦死する中、岩田は激戦を生き残り、民部省・工部省に出仕して横須賀製鉄所勤務、造船少師となった。海軍省成立後は主船少師・中師・大師、一等師、造船課主幹心得などを歴任して横須賀造船所の運営に寄与した。

香山道太郎の弟内藤実造は、富士見宝蔵番格軍艦組・軍艦役並勤方出役一等・軍艦蒸気

役一等などを務め、榎本艦隊に従軍して箱館の地で新政府軍と戦った。箱館戦争を生き残ると、戦いの詳細を「蝦夷事情乗風日誌」に記している。明治三年に赦免され、民部省・工部省に出仕、横須賀製鉄所勤務、造船少師となり、海軍省成立後は海軍三等師・船渠係主任・造船課工場長・造船検査部員などを歴任し、明治十九年に海軍一等技手へと昇進した。

海軍士官には、航海・運用・測量・造船・修船・数学・化学など、幅広い知識・技能が必要とされたが、成立したばかりの明治海軍の人材は限られており、かつ士官養成にあてる時間的・経済的余裕もなかった。そのため、新政府は海軍に関わった旧幕臣たちを積極的に登用していかざるを得なかったのである。

浦賀の寺院には現在も多くの浦賀奉行所関係者たちの墓や顕彰碑が存在し、彼らの業績を静かに伝えている。浦賀は幕府海軍を支えた武士たちの慰霊空間でもある。明治という新しい世の中で海軍省・横須賀造船所に勤務した者たちにおいても、その精神的な拠り所、魂の寄港地は幕末の軍港浦賀にあったのかも知れない。

軍港横須賀の展開

江戸開城後、新政府に接収された横須賀製鉄所は、大蔵省・民部省・工部省と管掌の部局を変えたのち、明治四年（一八七一）四月

図39　横須賀港一覧絵図（横須賀市所蔵）

に横須賀造船所と改称され、同五年十月に海軍省の管轄になった。

　横須賀造船所内には船台やドライドック、錬鉄・製缶・製帆・船具など動力機械を備えた各種工場が置かれ、各地から集まった多くの労働者が作業に従事し、明治海軍の造船・修船を支えた。明治十七年十二月に艦船・水兵・工夫の統轄、所轄海域の防衛を担う鎮守府が横浜（東海鎮守府）から横須賀に移転すると、軍港都市としてさらなる発展を遂げていった。そうした軍港都市横須賀の姿は「横須賀港一覧絵図」に描かれ、土産物として各地に伝えられることになった。

のちに横須賀鎮守府は造船部・造船工学校に分割され、さらに横須賀海軍造船廠と改称、造船科・造機科・兵器部（のち兵器廠として独立）が置かれた。明治三十六年（一九〇三）十一月に横須賀海軍造船廠と兵器廠が統合されて横須賀海軍工廠となり、第二次大戦後はアメリカ海軍横須賀基地の一部となって現在に至っている。

横須賀が軍港都市に発展していく起点は、幕末期における横須賀製鉄所の建設であった。横須賀は幕府海軍の拠点がそのまま明治海軍の拠点へと発展していった典型例といえる。

浦賀船渠株式会社の創設

榎本武揚の篆額による「中島永胤招魂碑」が西浦賀の愛宕山公園に建てられたのは、明治二十四年（一八九一）のこと。中島三郎助の死から二十二年が経過しようとしていた。

維新後の浦賀には水兵練習所（のち浦賀屯営）、陸軍要塞砲兵幹部練習所が置かれていたが、補給・修復・停泊などを担う浦賀の軍港としての機能は、横須賀の発展に伴い低下していった。そうした中、「中島永胤招魂碑」の建碑を梃子に浦賀船渠株式会社設立の気運が醸成されていったという（『浦賀船渠株式会社六十年史』）。旧幕府海軍士官の荒井郁之助らが主唱者となって明治三十三年、浦賀船渠株式会社が設立されると、浦賀は造船の町と

図40　住友重機械工業株式会社追浜造船所浦賀工場跡地

して栄えることになった。徳川将軍も寄港した幕府海軍の拠点、軍港浦賀の歴史は、地元の一部有識者を除いて次第に忘れ去られていった。一方、日米関係の進展に伴い、ペリー提督が来航した開国発祥地としての浦賀の歴史が教科書などを通じて一般に普及することになった。

浦賀船渠株式会社は昭和三十七年（一九六二）に浦賀重工業株式会社と改称し、同四十四年に住友重機械工業株式会社と合併している。現在、住友重機械工業株式会社追浜造船所浦賀工場は稼働しておらず、今後の利用をめぐり、さまざまな事業計画が提示されている。

浦賀と横須賀はともに幕府海軍の活動を支える軍港であったが、明治期以降の展開はそれぞれ異なるものになった。

幕末の海軍と軍港

本書で考察したかったことは、幕府海軍と明治海軍の連続面というよりも、むしろ幕末期の海軍に固有の問題である。封建制・幕藩体制に基盤を置く武家社会の中に新たな西洋軍事技術が導入され、海軍が組織化され、機械工業化が進展していったことの政治・社会的影響を分析することが、明治維新のメカニズムを解明する一つの鍵になると考えたわけである。

封建制・幕藩体制の枠組みを越えて諸藩海軍を一元的に統轄する「海軍の大権」を幕府はついに掌握することはできなかった。しかし、武士たちは幕府・藩を存立基盤として個別に海軍を創設し、蒸気船を運用して移動の迅速化、広域化を達成していった。その最たる結果が将軍徳川家茂の海路による上洛であるといえよう。武士や庶民が蒸気船を初めて目にしたペリー来航からわずか一〇年余のことである。短期間での急速な技術環境の変化は、江戸・京坂間の移動を活性化させ、政局の東西分裂を加速させたと考えられる。そうした流れの中で幕長戦争・戊辰戦争という大規模な内戦が勃発した。海軍・蒸気船の存在は戦局を大きく左右し、極北の蝦夷地にまで戦場を広げることになった。

技術環境の変化は、武士だけに影響を及ぼしたわけではなかった。蒸気船の普及、海軍の創設によって補給・修復・停泊などの拠点となる軍港の整備が進んだが、それは周辺で日常生活を営む人々にとっては地域の行政と密接不可分にかかわる問題でもあった。幕末期における基地問題といえる。ゆえに幕府海軍は地域を管轄する浦賀奉行所と連携しながら軍港を整備していかなければならなかった。

また、蒸気機関の修復に対応した大規模機械工場が建設された横須賀では、敷地を造成するため山を削って湾を埋め立てるなど、軍港化が自然の地形を大きく変容させる契機となった。蒸気機関の動力源となる石炭は新たな産業資源としてその価値を高め、船体に用いられる木材の需要も高まるなど、機械化の進展によって人々と自然の関係性にも変化が生じるようになった。

蒸気船の普及、海軍の創設は政治レベルにとどまらず、社会レベルにも大きな影響を及ぼし、そうした変化の総体が明治維新という変革を加速させていったと考えられる。

あとがき

近年の移動・通信技術の著しい発達は、地球的規模で人びとの行動範囲を広げ、意識の共有化を急速に推し進めている。人工知能や再生医療の開発は「明るい未来」の到来を予感させる。その反面、新たな技術が軍需産業と結び付き、生命の存続を脅かす大量破壊兵器が日進月歩で生み出されている。

そうした現在の私たちを取り巻く技術環境は、長い歴史的過程の帰結であり、善悪二元論で単純に片付けられない根深い問題を孕んでいる。重要なことは、それぞれの時代や地域の状況を踏まえ、技術の変革が起こった契機やその影響を実態的に検証し、今後の指針を見出すことではないだろうか。

本書では現代につながる科学技術の由来を機械化の起点となった幕末期に見出し、蒸気船を運用するために組織化された海軍の創設から整備に至る過程、活動実態の分析を通じて、明治維新という変革のメカニズムを解明しようと試みた。そうした問題関心は、拙著『幕末期軍事技術の基盤形成―砲術・海軍・地域―』（岩田書院、二〇一三年）と大枠で変わっていない。新たな論考を加えつつ、課題の継続的な解明に取り組んだつもりである。

卒業論文で長崎海軍伝習所の閉鎖理由について考察して以来、幕末の海軍を研究対象として意識するようになった。当時の興味関心はもっぱら幕府の政治動向にあり、対外的危機の高まりの中、幕府が展開した海防・軍事政策の分析に力を注いでいたのだが、一方でさまざまな負担を課される地域の動向が気になり始めた。地域に生活基盤を置く庶民にとって幕府の政策はどのように捉えられていたのか、あるいは地域の動向が幕府の政策に影響を及ぼすことがあったのか。そうした課題に取り組もうとしていた矢先、二〇〇四年度から横須賀市史編さん事業に関わることになり、二〇一六年度に職場を離れるまで、多くの歴史資料に触れることができた。浦賀や横須賀を幕末の海軍の拠点、軍港として位置付け、軍事政策と庶民生活が交差する場として捉えてみようと思いたったのは、そうした経験によるところが大きい。

国立公文書館所蔵内閣文庫の「御軍艦操練所伺等之留」「御軍艦所之留」「海軍御用留」といった幕府海軍関係の記録も大いに役立った。横須賀市域に残る地方文書とつきあわせることで、政治・社会の動向を踏まえ、幕末海軍の歴史を立体的に捉えることができるようになった。

一九七〇年代のヒット曲「港のヨーコ・ヨコハマ・ヨコスカ」の影響だろうか。横浜と横須賀を混同されることがよくある。本書を通じて開港地横浜とは異なる幕末の軍港横須賀・浦賀の歴史について、少しでも多くの人に知ってもらえたのなら幸いである。

初めて自治体史編さんに携わった私が、曲がりなりにも業務を遂行できたのは、高村聰史氏・真鍋淳哉氏といった良き先輩に恵まれたからである。また、横須賀開国史研究会の山本詔一会長には浦賀の史跡を案内していただき、地元民ならではの土地に根ざした歴史を知る貴重な機会を得た。本書刊行にあたっては、編集部の若山嘉秀氏にお力添えをいただいた。

今日まで研究を支えていただいた皆様に心より御礼申し上げるとともに、家族の厚意に謝して、本書の筆を置くことにしたい。

二〇一七年一〇月

神谷大介

参考文献

赤星直忠『横須賀市史No.8　三浦半島城郭史』上、横須賀市、一九五五年。

淺川道夫『江戸湾海防史』錦正社、二〇一〇年。

安達裕之『異様の船』平凡社、一九九五年。「海軍興起―久世・安藤政権の海軍政策―」『海事史研究』六三号、二〇〇六年。「猶ほ土蔵附売家の栄誉を残す可し―横須賀製鉄所の創立―」『海事史研究』六四号、二〇〇七年。「咸臨丸と浦賀乾船渠」『海事史研究』六九号、二〇一二年。

石井寛治『情報・通信の社会史―近代日本の情報化と市場化―』有斐閣、一九九四年。

石井謙治『和船Ⅱ』法政大学出版局、一九九五年。

石井　孝『勝海舟』人物叢書、吉川弘文館、一九七四年。

伊東弥之助「蒸気船奇捷丸の就航―近代海運業の生成過程―」『交通史研究』一一号、一九八四年。

井上　清『日本の軍国主義Ⅰ』、東京大学出版会、一九五三年、のち覆刻、現代評論社、一九七五年。

海原　徹『高杉晋作―動けば雷電のごとく―』ミネルヴァ書房、二〇〇七年。

小川亜弥子『幕末期長州藩洋学史の研究』思文閣出版、一九九七年。

落合　功「「薩摩藩蒸気船一件」に見る薩摩藩と長州藩」『明治維新史学会会報』三五号、一九九九年。

金澤裕之『幕府海軍の興亡―幕末期における日本の海軍建設―』慶應義塾大学出版会、二〇一七年。

上白石実『幕末の海防戦略―異国船を隔離せよ―』吉川弘文館、二〇一一年。『幕末期対外関係の研究』吉川弘文館、二〇一一年。

神谷大介『幕末期軍事技術の基盤形成』岩田書院、二〇一三年。

菊池勇夫『五稜郭の戦い―蝦夷地の終焉―』歴史文化ライブラリー、吉川弘文館、二〇一五年。

亀掛川博正「横須賀製鉄所と肥田浜五郎意見書」『横須賀市博物館研究報告（人文科学）』一二号、一九六八年。「幕末における対仏政策と横須賀製鉄所」『横須賀市博物館研究報告（人文科学）』一四号、一九七〇年。「フランス海軍と幕府との関係について―「富士山艦」での伝習を中心として―」『政治経済史学』三八〇号、一九九八年。

岸本　覚「安政・文久期の政治改革と諸藩」明治維新史学会編『講座明治維新2　幕末政治と社会変動』有志舎、二〇一一年。

金　蓮玉「長崎「海軍」伝習再考―幕府伝習生の人選を中心に―」『日本歴史』八一四号、二〇一六年。

楠本寿一『長崎製鉄所』中公新書、中央公論社、一九九二年。

久保木実「幕末浦賀造船所史」『御浦』一三号、一九九七年。「旧幕時代の横須賀製鉄所」『三浦半島の文化』一二号、二〇〇二年。

久住真也『幕末の将軍』講談社選書メチエ、講談社、二〇〇九年。

倉沢　剛『幕末教育史の研究』一～三、吉川弘文館、一九八三～一九八六年。

小風秀雅『帝国主義下の日本海運―国際競争と対外自立―』山川出版、一九九五年。

齋藤　純「ペリー艦隊浦賀来航直後に流布していた「太平のねむけをさます上喜撰」狂歌」『開国史研究』一〇号、二〇一〇年。

佐々木克「榎本武揚―幕臣の戊辰戦争―」佐々木克編『それぞれの明治維新』吉川弘文館、二〇〇〇年。

篠原　宏『海軍創設史　イギリス軍事顧問団の影』リブロポート、一九八六年。

鈴木　淳『明治の機械工業―その生成と展開―』ミネルヴァ書房、一九九六年。

須藤利一編『船』法政大学出版局、一九六八年。

造船協会編『日本近世造船史』弘道館、一九一一年。

園田英弘『西洋化の構造』思文閣出版、一九九三年。

高久智広「幕末期の幕府の艦船運用と兵庫津」『日本史研究』六〇三号、二〇一二年。

高輪真澄「木村喜毅と文久軍制改革」『史学』五七巻四号、一九八八年。

高橋恭一『浦賀奉行史』名著出版、一九七四年。

高橋茂夫「徳川家海軍の職制」『海事史研究』三・四号、一九六五年。

高村直助『小松帯刀』人物叢書、吉川弘文館、二〇一二年。『永井尚志―皇国のため徳川のため―』ミネルヴァ日本評伝選、ミネルヴァ書房、二〇一五年。

武田楠雄『維新と科学』岩波新書、一九七二年。

多々良四郎『中島三郎助―浦賀奉行所の与力・同心衆―』鈴木徳弥、一九七七年。

多田　実「幕末の船舶購入」『海事史研究』一号、一九六三年。

田中弘之『幕末の小笠原』中公新書、中央公論社、一九九七年。

椿田有希子『近世近代移行期の政治文化―「徳川将軍のページェント」の歴史的位置―』校倉書房、二〇一四年。

土居良三「オランダ海軍ファビウス中佐の来日―日本海軍草創の恩人―」『軍事史学』三二巻一号、通巻一二五号、一九九六年。『咸臨丸海を渡る』未来社、一九九二年。『軍艦奉行木村摂津守』中公新書、中央公論社、一九九四年。

冨川武史「文久期の江戸湾防備―小野友五郎・望月大象連名復命書を中心として―」『文化財学雑誌』一号、鶴見大学文化財学会、二〇〇五年。「小野友五郎の江戸湾海防構想とその形成過程」『海事史研究』六二号、二〇〇五年。

中岡哲郎『日本近代技術の形成―〈伝統〉と〈近代〉のダイナミクス―』朝日新聞社、二〇〇六年。

西川武臣『浦賀奉行所』有隣新書、有隣堂、二〇一五年。

西堀　昭『日本の近代化とグランド・ゼコール』つげ書房新社、二〇〇八年。

日本海事科学振興財団船の科学館編『船の科学館資料ガイド7　幕末の蒸気軍艦　咸臨丸』日本海事科学振興財団船の科学館、二〇〇七年。

箱石　大「宮古港海戦」『宮古文化財事典』宮古市教育委員会、二〇一〇年。

「幕末佐賀藩の科学技術」編集委員会編『幕末佐賀藩の科学技術』下、岩田書院、二〇一六年。

朴　栄濬「〈研究ノート〉幕末期の海軍建設再考―勝海舟の「船譜」再検討と「海軍革命」の仮説―」『軍事史学』三八巻二号、通巻一五〇号、二〇〇二年。

原田　朗『荒井郁之助』人物叢書、吉川弘文館、一九九四年。

樋口雄彦『敗者の日本史一七　箱館戦争と榎本武揚』吉川弘文館、二〇一二年。

平川　新『紛争と世論―近世民衆の政治参加―』東京大学出版会、一九九六年。

文倉平次郎『幕末軍艦咸臨丸』名著刊行会、覆刻、一九七九年。

藤井哲博『咸臨丸航海長小野友五郎の生涯』中公新書、中央公論社、一九八五年。『長崎海軍伝習所』中公新書、中央公論社、一九九一年。

保谷　徹『戦争の日本史一八　戊辰戦争』吉川弘文館、二〇〇七年。『幕末日本と対外戦争の危機』歴史文化ライブラリー、吉川弘文館、二〇一〇年。

松浦　玲『勝海舟』中公新書、中央公論社、一九六八年。「安政期のオランダ—「ファビウス」「ペルス・レイケン」「カッテンデイケ」—」『国際文化論集』〈桃山学院大〉二号、一九九〇年。

水上たかね「幕府海軍における「業前」と身分」『史学雑誌』一二二編一一号、二〇一三年。「軍務官の戊辰戦争—兵庫・敦賀の出張所を中心に—」『日本史研究』六六〇号、二〇一七年。

三谷　博『明治維新とナショナリズム』山川出版社、一九九七年。

元綱数道『幕末の蒸気船物語』成山堂書店、二〇〇四年。

安池尋幸「横須賀製鉄所創始期における機械類購入の経緯」『市史研究横須賀』九号、二〇一〇年。

山田裕輝「幕末期萩藩の海軍建設とその担い手」『年報近現代史研究』九号、二〇一七年。

山本　潔『日本における職場の技術・労働史　1854～1990』東京大学出版会、一九九四年。

山本詔一『浦賀与力中島三郎助の生涯』ブックレットかながわ、神奈川新聞社、一九九七年。

横須賀市編『新横須賀市史』通史編近世、横須賀市、二〇一一年。

著者紹介

一九七五年、静岡県に生まれる
二〇一一年、東海大学大学院文学研究科史学専攻博士課程後期修了
現在、東海大学文学部非常勤講師、博士(文学)

主要著書・論文

『幕末期軍事技術の基盤形成—砲術・海軍・地域—』(岩田書院、二〇一三年)
「幕末期における幕府艦船運用と寄港地整備—相州浦賀湊を事例に—」(『地方史研究』第三三二号 第五八巻第二号、二〇〇八年)
「幕末の台場建設と石材請負人」(小田原近世史研究会編『近世南関東地域史論—駿豆相の視点から—』岩田書院、二〇一二年)
「文久・元治期の将軍上洛と「軍港」の展開—相州浦賀湊を事例に—」(『関東近世史研究』第七二号、二〇一二年)

歴史文化ライブラリー
459

幕末の海軍
明治維新への航跡

二〇一八年(平成三十)一月一日　第一刷発行

著　者　神谷大介(かみやだいすけ)
発行者　吉川道郎
発行所　株式会社　吉川弘文館
東京都文京区本郷七丁目二番八号
郵便番号一一三—〇〇三三
電話〇三—三八一三—九一五一〈代表〉
振替口座〇〇一〇〇—五—二四四
http://www.yoshikawa-k.co.jp/
印刷=株式会社 平文社
製本=ナショナル製本協同組合
装幀=清水良洋・柴崎精治

ISBN978-4-642-05859-9

歴史文化ライブラリー

1996. 10

刊行のことば

現今の日本および国際社会は、さまざまな面で大変動の時代を迎えておりますが、近づきつつある二十一世紀は人類史の到達点として、物質的な繁栄のみならず文化や自然・社会環境を謳歌できる平和な社会でなければなりません。しかしながら高度成長・技術革新にともなう急激な変貌は「自己本位な刹那主義」の風潮を生みだし、先人が築いてきた歴史や文化に学ぶ余裕もなく、いまだ明るい人類の将来が展望できていないようにも見えます。このような状況を踏まえ、よりよい二十一世紀社会を築くために、人類誕生から現在に至る「人類の遺産・教訓」としてのあらゆる分野の歴史と文化を「歴史文化ライブラリー」として刊行することといたしました。

小社は、安政四年(一八五七)の創業以来、一貫して歴史学を中心とした専門出版社として書籍を刊行しつづけてまいりました。その経験を生かし、学問成果にもとづいた本叢書を刊行し社会的要請に応えて行きたいと考えております。

現代は、マスメディアが発達した高度情報化社会といわれますが、私どもはあくまでも活字を主体とした出版こそ、ものの本質を考える基礎と信じ、本叢書をとおして社会に訴えてまいりたいと思います。これから生まれでる一冊一冊が、それぞれの読者を知的冒険の旅へと誘い、希望に満ちた人類の未来を構築する糧となれば幸いです。

吉川弘文館

歴史文化ライブラリー

近世史

歴史文化ライブラリー

幕末の海軍 明治維新への航跡 ― 神谷大介
江戸の海外情報ネットワーク ― 岩下哲典
黒船がやってきた 幕末の情報ネットワーク ― 岩田みゆき
幕末日本と対外戦争の危機 下関戦争の舞台裏 ― 保谷 徹

近・現代史

五稜郭の戦い 蝦夷地の終焉 ― 菊池勇夫
幕末明治 横浜写真館物語 ― 斎藤多喜夫
水戸学と明治維新 ― 吉田俊純
大久保利通と明治維新 ― 佐々木 克
旧幕臣の明治維新 沼津兵学校とその群像 ― 樋口雄彦
維新政府の密偵たち 御庭番と警察のあいだ ― 大日方純夫
明治維新と豪農 古橋暉皃の生涯 ― 高木俊輔
京都に残った公家たち 華族の近代 ― 刑部芳則
文明開化 失われた風俗 ― 百瀬 響
西南戦争 戦争の大義と動員される民衆 ― 猪飼隆明
大久保利通と東アジア 国家構想と外交戦略 ― 勝田政治
明治の政治家と信仰 クリスチャン民権家の肖像 ― 小川原正道
日赤の創始者 佐野常民（つねたみ） ― 吉川龍子
文明開化と差別 ― 今西 一
アマテラスと天皇 〈政治シンボル〉の近代史 ― 千葉 慶
大元帥と皇族軍人 明治編 ― 小田部雄次
明治の皇室建築 国家が求めた〈和風〉像 ― 小沢朝江
皇居の近現代史 開かれた皇室像の誕生 ― 河西秀哉
明治神宮の出現 ― 山口輝臣
神都物語 伊勢神宮の近現代史 ― ジョン・ブリーン
日清・日露戦争と写真報道 戦場を駆ける写真師たち ― 井上祐子
博覧会と明治の日本 ― 國 雄行
公園の誕生 ― 小野良平
啄木短歌に時代を読む ― 近藤典彦
鉄道忌避伝説の謎 汽車が来た町、来なかった町 ― 青木栄一
軍隊を誘致せよ 陸海軍と都市形成 ― 松下孝昭
家庭料理の近代 ― 江原絢子
お米と食の近代史 ― 大豆生田 稔
日本酒の近現代史 酒造地の誕生 ― 鈴木芳行
失業と救済の近代史 ― 加瀬和俊
近代日本の就職難物語 「高等遊民」になるけれど ― 町田祐一
選挙違反の歴史 ウラからみた日本の一〇〇年 ― 季武嘉也
海外観光旅行の誕生 ― 有山輝雄
関東大震災と戒厳令 ― 松尾章一
激動昭和と浜口雄幸 ― 川田 稔
昭和天皇とスポーツ 〈玉体〉の近代史 ― 坂上康博
昭和天皇側近たちの戦争 ― 茶谷誠一

歴史文化ライブラリー

- 大元帥と皇族軍人 大正・昭和編 — 小田部雄次
- 海軍将校たちの太平洋戦争 — 手嶋泰伸
- 植民地建築紀行 満洲・朝鮮・台湾を歩く — 西澤泰彦
- 稲の大東亜共栄圏 帝国日本の〈緑の革命〉 — 藤原辰史
- 地図から消えた島々 幻の日本領と南洋探検家たち — 長谷川亮一
- 日中戦争と汪兆銘（おうちょうめい） — 小林英夫
- 自由主義は戦争を止められるのか 芦田均・清沢洌・石橋湛山 — 上田美和
- モダン・ライフと戦争 スクリーンのなかの女性たち — 宜野座菜央見
- 彫刻と戦争の近代 — 平瀬礼太
- 軍用機の誕生 日本軍の航空戦略と技術開発 — 水沢 光
- 首都防空網と〈空都〉多摩 — 鈴木芳行
- 帝都防衛 戦争・災害・テロ — 土田宏成
- 陸軍登戸研究所と謀略戦 科学者たちの戦争 — 渡辺賢二
- 帝国日本の技術者たち — 沢井 実
- 〈いのち〉をめぐる近代史 堕胎から人工妊娠中絶へ — 岩田重則
- 強制された健康 日本ファシズム下の生命と身体 — 藤野 豊
- 戦争とハンセン病 — 藤野 豊
- 「自由の国」の報道統制 大戦下の日系ジャーナリズム — 水野剛也
- 敵国人抑留 戦時下の外国民間人 — 小宮まゆみ
- 銃後の社会史 戦死者と遺族 — 一ノ瀬俊也
- 海外戦没者の戦後史 遺骨帰還と慰霊 — 浜井和史
- 学徒出陣 戦争と青春 — 蜷川壽惠
- 〈近代沖縄〉の知識人 島袋全発の軌跡 — 屋嘉比 収
- 沖縄戦 強制された「集団自決」 — 林 博史
- 原爆ドーム 物産陳列館から広島平和記念碑へ — 頴原澄子
- 戦後政治と自衛隊 — 佐道明広
- 米軍基地の歴史 世界ネットワークの形成と展開 — 林 博史
- 沖縄 占領下を生き抜く 軍用地・通貨・毒ガス — 川平成雄
- 昭和天皇退位論のゆくえ — 冨永 望
- ふたつの憲法と日本人 戦前・戦後の憲法観 — 川口暁弘
- 団塊世代の同時代史 — 天沼 香
- 鯨を生きる 鯨人の個人史・鯨食の同時代史 — 赤嶺 淳
- 丸山真男の思想史学 — 板垣哲夫
- 文化財報道と新聞記者 — 中村俊介

文化史・誌

- 落書きに歴史をよむ — 三上喜孝
- 霊場の思想 — 佐藤弘夫
- 四国遍路 さまざまな祈りの世界 — 星野英紀・浅川泰宏
- 跋扈（ばっこ）する怨霊 祟りと鎮魂の日本史 — 山田雄司
- 将門伝説の歴史 — 樋口州男
- 藤原鎌足、時空をかける 変身と再生の日本史 — 黒田 智
- 変貌する清盛 『平家物語』を書きかえる — 樋口大祐

歴史文化ライブラリー

鎌倉 古寺を歩く 宗教都市の風景 — 松尾剛次
空海の文字とことば — 岸田知子
鎌倉大仏の謎 — 塩澤寛樹
日本禅宗の伝説と歴史 — 中尾良信
水墨画にあそぶ 禅僧たちの風雅 — 高橋範子
観音浄土に船出した人びと 熊野と補陀落渡海 — 根井 浄
殺生と往生のあいだ 中世仏教と民衆生活 — 苅米一志
浦島太郎の日本史 — 三舟隆之
〈ものまね〉の歴史 仏教・笑い・芸能 — 石井公成
戒名のはなし — 藤井正雄
墓と葬送のゆくえ — 森 謙二
仏画の見かた 描かれた仏たち — 中野照男
ほとけを造った人びと 止利仏師から運慶・快慶まで — 根立研介
〈日本美術〉の発見 岡倉天心がめざしたもの — 吉田千鶴子
祇園祭 祝祭の京都 — 川嶋將生
洛中洛外図屏風 つくられた〈京都〉を読み解く — 小島道裕
時代劇と風俗考証 やさしい有職故実入門 — 二木謙一
化粧の日本史 美意識の移りかわり — 山村博美
乱舞の中世 白拍子・乱拍子・猿楽 — 沖本幸子
神社の本殿 建築にみる神の空間 — 三浦正幸
古建築修復に生きる 屋根職人の世界 — 原田多加司
古建築を復元する 過去と現在の架け橋 — 海野 聡
大工道具の文明史 日本・中国・ヨーロッパの建築技術 — 渡邉 晶
苗字と名前の歴史 — 坂田 聡
日本人の姓・苗字・名前 人名に刻まれた歴史 — 大藤 修
数え方の日本史 — 三保忠夫
大相撲行司の世界 — 根間弘海
日本料理の歴史 — 熊倉功夫
吉兆 湯木貞一 料理の道 — 末廣幸代
日本の味 醤油の歴史 — 林 玲子・天野雅敏編
天皇の音楽史 古代・中世の帝王学 — 豊永聡美
流行歌の誕生 「カチューシャの唄」とその時代 — 永嶺重敏
話し言葉の日本史 — 野村剛史
「国語」という呪縛 国語から日本語へ、そして〇〇語へ — 川口 良・角田史幸
柳宗悦と民藝の現在 — 松井 健
遊牧という文化 移動の生活戦略 — 松井 健
マザーグースと日本人 — 鷲津名都江
金属が語る日本史 銭貨・日本刀・鉄炮 — 齋藤 努
書物に魅せられた英国人 フランク・ホーレーと日本文化 — 横山 學
災害復興の日本史 — 安田政彦
夏が来なかった時代 歴史を動かした気候変動 — 桜井邦朋

歴史文化ライブラリー

民俗学・人類学

日本人の誕生 人類はるかなる旅——埴原和郎
倭人への道 人骨の謎を追って——中橋孝博
神々の原像 祭祀の小宇宙——新谷尚紀
女人禁制——鈴木正崇
役行者と修験道の歴史——宮家 準
鬼の復権——萩原秀三郎
幽霊 近世都市が生み出した化物——髙岡弘幸
雑穀を旅する——増田昭子
川は誰のものか 人と環境の民俗学——菅 豊
名づけの民俗学 地名・人名はどう命名されてきたか——田中宣一
番と衆 日本社会の東と西——福田アジオ
記憶すること・記録すること 聞き書き論ノート——香月洋一郎
番茶と日本人——中村羊一郎
踊りの宇宙 日本の民族芸能——三隅治雄
柳田国男 その生涯と思想——川田 稔
海のモンゴロイド ポリネシア人の祖先をもとめて——片山一道

世界史

中国古代の貨幣 お金をめぐる人びとと暮らし——柿沼陽平
渤海国とは何か——古畑 徹
黄金の島 ジパング伝説——宮崎正勝
琉球と中国 忘れられた冊封使——原田禹雄
古代の琉球弧と東アジア——山里純一
アジアのなかの琉球王国——高良倉吉
琉球国の滅亡とハワイ移民——鳥越皓之
魔女裁判 魔術と民衆のドイツ史——牟田和男
フランスの中世社会 王と貴族たちの軌跡——渡辺節夫
ヒトラーのニュルンベルク 第三帝国の光と闇——芝 健介
人権の思想史——浜林正夫
グローバル時代の世界史の読み方——宮崎正勝

考古学

タネをまく縄文人 最新科学が覆す農耕の起源——小畑弘己
農耕の起源を探る イネの来た道——宮本一夫
O脚だったかもしれない縄文人 人骨は語る——谷畑美帆
老人と子供の考古学——山田康弘
〈新〉弥生時代 五〇〇年早かった水田稲作——藤尾慎一郎
交流する弥生人 金印国家群の時代の生活誌——高倉洋彰
文明に抗した弥生の人びと——寺前直人
樹木と暮らす古代人 木製品が語る弥生・古墳時代——樋上 昇
古 墳——土生田純之
東国から読み解く古墳時代——若狭 徹
神と死者の考古学 古代のまつりと信仰——笹生 衛

歴史文化ライブラリー

土木技術の古代史——青木　敬
国分寺の誕生 古代日本の国家プロジェクト——須田　勉
銭の考古学——鈴木公雄

古代史

邪馬台国 魏使が歩いた道——丸山雍成
邪馬台国の滅亡 大和王権の征服戦争——若井敏明
日本語の誕生 古代の文字と表記——沖森卓也
日本国号の歴史——小林敏男
古事記のひみつ 歴史書の成立——三浦佑之
日本神話を語ろう イザナキ・イザナミの物語——中村修也
東アジアの日本書紀 歴史書の誕生——遠藤慶太
〈聖徳太子〉の誕生——大山誠一
倭国と渡来人 交錯する「内」と「外」——田中史生
大和の豪族と渡来人 葛城・蘇我氏と大伴・物部氏——加藤謙吉
白村江の真実 新羅王・金春秋の策略——中村修也
よみがえる古代山城 国際戦争と防衛ライン——向井一雄
よみがえる古代の港 古地形を復元する——石村　智
古代豪族と武士の誕生——森　公章
飛鳥の宮と藤原京 よみがえる古代王宮——林部　均
出雲国誕生——大橋泰夫
古代出雲——前田晴人

エミシ・エゾからアイヌへ——児島恭子
古代の皇位継承 天武系皇統は実在したか——遠山美都男
持統女帝と皇位継承——倉本一宏
古代天皇家の婚姻戦略——荒木敏夫
高松塚・キトラ古墳の謎——山本忠尚
壬申の乱を読み解く——早川万年
家族の古代史 恋愛・結婚・子育て——梅村恵子
万葉集と古代史——直木孝次郎
地方官人たちの古代史 律令国家を支えた人びと——中村順昭
古代の都はどうつくられたか 中国・日本・朝鮮・渤海——吉田　歓
平城京に暮らす 天平びとの泣き笑い——馬場　基
平城京の住宅事情 貴族はどこに住んだのか——近江俊秀
すべての道は平城京へ 古代国家の〈支配の道〉——市　大樹
都はなぜ移るのか 遷都の古代史——仁藤敦史
聖武天皇が造った都 難波宮・恭仁宮・紫香楽宮——小笠原好彦
天皇側近たちの奈良時代——十川陽一
悲運の遣唐僧 円載の数奇な生涯——佐伯有清
遣唐使の見た中国——古瀬奈津子
古代の女性官僚 女官の出世・結婚・引退——伊集院葉子
平安朝 女性のライフサイクル——服藤早苗
平安京のニオイ——安田政彦

歴史文化ライブラリー

歴史文化ライブラリー

出雲の中世 地域と国家のはざま——佐伯徳哉
土一揆の時代——神田千里
山城国一揆と戦国社会——川岡　勉
中世武士の城——齋藤慎一
武田信玄——平山　優
歴史の旅 武田信玄を歩く——秋山　敬
戦国大名の兵粮事情——久保健一郎
戦乱の中の情報伝達 使者がつなぐ中世京都と在地——酒井紀美
戦国時代の足利将軍——山田康弘
名前と権力の中世史 室町将軍の朝廷戦略——水野智之
戦国貴族の生き残り戦略——岡野友彦
鉄砲と戦国合戦——宇田川武久
検証 長篠合戦——平山　優
織田信長と戦国の村 天下統一のための近江支配——深谷幸治
よみがえる安土城——木戸雅寿
検証 本能寺の変——谷口克広
加藤清正 朝鮮侵略の実像——北島万次
落日の豊臣政権 秀吉の憂鬱、不穏な京都——河内将芳
北政所と淀殿 豊臣家を守ろうとした妻たち——小和田哲男
豊臣秀頼——福田千鶴
偽りの外交使節 室町時代の日朝関係——橋本　雄
朝鮮人のみた中世日本——関　周一
ザビエルの同伴者 アンジロー 戦国時代の国際人——岸野　久
海賊たちの中世——金谷匡人
アジアのなかの戦国大名 西国の群雄と経営戦略——鹿毛敏夫
琉球王国と戦国大名 島津侵入までの半世紀——黒嶋　敏
天下統一とシルバーラッシュ 銀と戦国の流通革命——本多博之

各冊一七〇〇円～二〇〇〇円（いずれも税別）
▽残部僅少の書目も掲載してあります。品切の節はご容赦下さい。
▽品切書目の一部について、オンデマンド版の販売も開始しました。
詳しくは出版図書目録、または小社ホームページをご覧下さい。